写给系统管理员的
Python 脚本编程指南

[印度] 甘尼什·桑吉夫·奈克（Ganesh Sanjiv Naik） 著

张成悟 译

人民邮电出版社

北京

图书在版编目（CIP）数据

写给系统管理员的Python脚本编程指南 /（印）甘尼什·桑吉夫·奈克（Ganesh Sanjiv Naik）著；张成悟译. -- 北京：人民邮电出版社，2020.1（2023.2重印）
ISBN 978-7-115-52366-2

Ⅰ. ①写… Ⅱ. ①甘… ②张… Ⅲ. ①软件工具-程序设计 Ⅳ. ①TP311.561

中国版本图书馆CIP数据核字(2019)第230205号

版权声明

Copyright © Packt Publishing 2019. First published in the English language under the title Mastering Python Scripting for System Administrators.
All Rights Reserved.

本书由英国Packt Publishing公司授权人民邮电出版社出版。未经出版者书面许可，对本书的任何部分不得以任何方式或任何手段复制和传播。
版权所有，侵权必究。

- ◆ 著　　[印度]甘尼什·桑吉夫·奈克（Ganesh Sanjiv Naik）
  译　　张成悟
  责任编辑　陈聪聪
  责任印制　焦志炜
- ◆ 人民邮电出版社出版发行　北京市丰台区成寿寺路11号
  邮编　100164　电子邮件　315@ptpress.com.cn
  网址　http://www.ptpress.com.cn
  北京七彩京通数码快印有限公司印刷
- ◆ 开本：800×1000　1/16
  印张：16.5　　　　　2020年1月第1版
  字数：299千字　　　2023年2月北京第4次印刷
  著作权合同登记号　图字：01-2019-3077号

定价：69.00元
读者服务热线：(010)81055410　印装质量热线：(010)81055316
反盗版热线：(010)81055315
广告经营许可证：京东市监广登字20170147号

内容提要

本书是一本介绍 Python 编程的进阶图书，包含了大量关于 Python 脚本设计的主题。本书共 18 章，首先带领读者快速复习 Python 基础知识，然后循序渐进地介绍了一些实用主题，包括 Python 脚本的调试和分析、编写单元测试、系统管理、处理文件和数据、文件归档以及文本处理等。然后介绍了网络编程、处理电子邮件、远程控制主机、创建图形用户界面、处理日志文件、编写网络爬虫、数据收集和可视化以及操作数据库等更加高阶的主题。本书中每一知识点都结合可以运行的源码讲解，帮助读者更好地掌握 Python 脚本编程。

本书要求读者具备 Python 的基础知识，非常适合对 Python 编程有基本了解并且有兴趣将编程技能扩展到命令行脚本和系统管理的读者阅读。

前言

Python 语言已经发展出了许多特性，它适用于所有可能的 IT 子领域。本书将帮助您利用 Python 特性编写高效的脚本程序，并创建命令行工具（用于数据类型、循环、条件、函数和错误处理等）来管理您的系统环境。从基本设置，到自动化测试，再到构建不同的命令行工具，本书将围绕这个开发过程一一展开。本书为您提供了从运行基本脚本到使用标准程序库需要用到的所有内容。最后，本书将带您创建一个大型脚本项目。在这个项目中，您将学习如何根据理想的资源来计划、实现和分配项目。

本书读者

如果您对 Python 编程有一些基本了解，并且希望将编程技能扩展到命令行脚本，或者对系统管理感兴趣，这本书将是您理想的选择。

阅读这本书需要有一定的 Python 编程基础。

本书内容

第 1 章　Python 脚本编程概述，介绍了 Python 的安装过程以及 Python 解释器工具的使用方法。您将学习如何为变量赋值，并引入变量和字符串。还将学习序列数据类型，包括列表（list）、元组（tuple）、集合（set）和字典（dictionary）。最后，您将学习如何解析脚本中的命令行参数。

第 2 章　调试和分析 Python 脚本程序，介绍如何使用调试工具调试 Python 程序，以及如何处理错误（error），并了解如何分析程序并测试程序的运行时间。

第 3 章　单元测试框架简介，介绍 Python 中的单元测试，并为程序创建单元测试用例。

第 4 章　自动化常规管理活动，介绍如何自动执行系统管理员的常规管理活动。本章将依次讲述如何接收输入、处理密码、执行外部命令、读取配置文件、向脚本添加警告代码、限制 CPU 性能、启动 Web 浏览器、使用 os 模块以及创建备份。

第 5 章　处理文件、目录和数据，介绍如何使用 os 模块实现各种操作。您将了解操作数据的方法，例如复制、移动、合并和比较。最后描述了如何使用 tarfile 模块。

第 6 章　文件归档、加密和解密，研究文件归档，介绍如何创建归档文件，包括 TAR 和 ZIP 格式文件。您还将学习如何使用应用程序解压缩.tar 和.zip 文件。

第 7 章　文本处理和正则表达式，介绍 Python 中的文本处理和正则表达式。本章将讲述如何读取和写入文件，以及如何使用正则表达式操作文件内容。正则表达式（regular expression）是一个非常强大的 Python 内建库，用于在文本中搜索和提取数据。

第 8 章　文档和报告，介绍如何使用 Python 记录和报告信息，并使用 Python 脚本获取输入以及打印输出，编写自动收集信息和接收电子邮件的脚本，以及如何格式化信息。

第 9 章　处理不同类型的文件，介绍如何使用 Python 打开、编辑 PDF 文件、Excel 文件和 CSV 文件，并从这些文件中读取数据。

第 10 章　网络基础——套接字编程，首先介绍计算机网络的基础知识，然后描述如何使用 TCP 和 UDP 套接字编程，进行网络通信并获取 HTTP 和 FTP 等协议的信息。

第 11 章　使用 Python 脚本处理电子邮件，探讨如何使用 Python 脚本编写和发送电子邮件。使用软件发送电子邮件是一个常见任务，本章将学习如何使用 Python 的 smtplib 模块发送电子邮件。除此之外，还将学习在不同服务器上使用不同协议发送电子邮件。

第 12 章　通过 Telnet 和 SSH 远程控制主机，介绍如何使用 SSH 在服务器上执行基本配置。首先使用 Telnet 模块编写程序，然后使用 SSH 实现相同的效果。

第 13 章　创建图形用户界面，介绍如何使用 PyQt 模块创建图形用户界面。

第 14 章　使用 Apache 及其他类型的日志文件，介绍如何使用 Apache 日志文件，包括学习日志解析程序，识别特定类型的日志消息。讲述如何解析这些文件，如何处理多个文件，如何检测异常，存储数据和生成报告。

第 15 章　SOAP 和 RESTful API 通信，涉及 SOAP 和 REST 的基础知识，以及它们之间的差异。本章将介绍 SOAP API，并通过不同的库来使用它。最后还将学习 REST API 和标准库。

第 16 章　网络爬虫——从网站中提取有用的数据，介绍如何使用 Python 库从网站中提取数据，以及如何使用 Python 搜索文章和源代码。

第 17 章　统计信息的收集和报告，介绍如何使用 Python 科学计算库，包括 NumPy、SciPy 和 Matplotlib。同时了解数据可视化的概念并学习如何绘制数据。

第 18 章　MySQL 和 SQLite 数据库管理，介绍如何管理 MySQL 和 SQLite 数据库。了解此类管理的需求和设计，并修改插件框架，编写生产者和消费者代码。

如何充分利用本书

编写本书是为了尽可能通过几个脚本让您学习许多不同的 Python 编程方法。但要充分利用本书，您需要执行以下操作。

- 准备一个已经配置完毕的 Linux 系统，以用于测试和调试脚本程序。
- 理解每个脚本程序。
- 了解每个脚本程序有哪些组件。
- 考虑如何以新的方式重用或组合组件。

本书假定您已掌握一定程度的 Python 基础知识，因此不会讲解基本技能。这些技能包括以下内容。

- 如何安装、设置和配置 Linux 系统。
- 如何安装、运行和配置特定的 Python IDE（大多数 Linux 发行版中已包含一个或多个）。
- 关于计算和编程的一些基础知识（我们会尽力提供速成课程）。

资源与支持

本书由异步社区出品，社区（https://www.epubit.com/）为您提供相关资源和后续服务。

配套资源

本书提供如下资源：

- 本书配套资源请到异步社区本书购买页处下载。

要获得以上配套资源，请在异步社区本书页面中单击 配套资源 ，跳转到下载界面，按提示进行操作即可。注意：为保证购书读者的权益，该操作会给出相关提示，要求输入提取码进行验证。

提交勘误

作者和编辑尽最大努力来确保书中内容的准确性，但难免会存在疏漏。欢迎您将发现的问题反馈给我们，帮助我们提升图书的质量。

当您发现错误时，请登录异步社区，按书名搜索，进入本书页面，单击"提交勘误"，输入勘误信息，单击"提交"按钮即可。本书的作者和编辑会对您提交的勘误进行审核，确认并接受后，您将获赠异步社区的 100 积分。积分可用于在异步社区兑换优惠券、样书或奖品。

扫码关注本书

扫描下方二维码,您将会在异步社区微信服务号中看到本书信息及相关的服务提示。

与我们联系

我们的联系邮箱是 contact@epubit.com.cn。

如果您对本书有任何疑问或建议,请您发邮件给我们,并请在邮件标题中注明本书书名,以便我们更高效地做出反馈。

如果您有兴趣出版图书、录制教学视频,或者参与图书翻译、技术审校等工作,可以发邮件给我们;有意出版图书的作者也可以到异步社区在线提交投稿(直接访问 www.epubit.com/selfpublish/submission 即可)。

如果学校、培训机构或企业想批量购买本书或异步社区出版的其他图书,也可以发邮件给我们。

如果您在网上发现有针对异步社区出品图书的各种形式的盗版行为,包括对图书全部或部分内容的非授权传播,请您将怀疑有侵权行为的链接发邮件给我们。您的这一举动是对作者权益的保护,也是我们持续为您提供有价值的内容的动力之源。

关于异步社区和异步图书

"异步社区"是人民邮电出版社旗下 IT 专业图书社区,致力于出版精品 IT 技术图书和相关学习产品,为作译者提供优质出版服务。异步社区创办于 2015 年 8 月,提供大量精品 IT 技术图书和电子书,以及高品质技术文章和视频课程。更多详情请访问异步社区官网 https://www.epubit.com。

"异步图书"是由异步社区编辑团队策划出版的精品 IT 专业图书的品牌,依托于人民邮电出版社近 30 年的计算机图书出版积累和专业编辑团队,相关图书在封面上印有异步图书的 LOGO。异步图书的出版领域包括软件开发、大数据、AI、测试、前端、网络技术等。

异步社区

微信服务号

目录

第 1 章 Python 脚本编程概述 ... 1

- 1.1 技术要求 ... 2
- 1.2 为什么选择 Python ... 2
- 1.3 Python 语法的优势 ... 2
- 1.4 安装 Python ... 2
  - 1.4.1 在 Linux 上安装 Python ... 2
  - 1.4.2 在 Windows 上安装 Python ... 3
  - 1.4.3 在 Mac 上安装 Python ... 3
  - 1.4.4 安装 Jupyter Notebook ... 3
  - 1.4.5 安装并使用虚拟环境 ... 4
  - 1.4.6 安装 Geany 和 PyCharm ... 4
- 1.5 Python 解释器 ... 5
  - 1.5.1 Python 和 Bash 有何区别 ... 5
  - 1.5.2 启动交互式控制台 ... 5
  - 1.5.3 使用 Python 交互式控制台编写脚本 ... 5
  - 1.5.4 多行模式 ... 6
  - 1.5.5 通过 Python 解释器导入模块 ... 7
  - 1.5.6 退出 Python 控制台 ... 8
  - 1.5.7 缩进和标签 ... 8
  - 1.5.8 变量 ... 9

目录

- 1.5.9 数值 11
- 1.6 字符串 13
  - 1.6.1 连接（+）和重复（*） 14
  - 1.6.2 字符串切片 14
  - 1.6.3 访问字符串中的值 15
  - 1.6.4 更新字符串 15
  - 1.6.5 转义字符 15
  - 1.6.6 字符串的特殊运算符 16
  - 1.6.7 字符串格式化运算符 16
  - 1.6.8 Python 中的三引号 17
  - 1.6.9 字符串是不可变的 18
- 1.7 理解列表 18
  - 1.7.1 访问列表中的值 19
  - 1.7.2 更新列表 19
  - 1.7.3 删除列表元素 20
  - 1.7.4 列表的基本操作 20
  - 1.7.5 列表运算符 21
  - 1.7.6 索引、切片和矩阵 21
- 1.8 元组 21
  - 1.8.1 访问元组的值 22
  - 1.8.2 更新元组 23
  - 1.8.3 删除元组中的元素 23
  - 1.8.4 元组的基本操作 23
  - 1.8.5 索引、切片和矩阵 24
  - 1.8.6 max()函数和 min()函数 24
- 1.9 集合 25
- 1.10 字典 26
- 1.11 解析命令行参数 27

- 1.11.1 Python 中的命令行参数 ... 27
- 1.11.2 sys.argv ... 27

1.12 判断语句 ... 28
- 1.12.1 Python 的 if 语句语法 ... 28
- 1.12.2 Python 的 if...else 语句语法 ... 28
- 1.12.3 Python 的 if...elif...else 语句语法 ... 29

1.13 循环 ... 30
- 1.13.1 for 循环 ... 30
- 1.13.2 range()函数 ... 31
- 1.13.3 while 循环 ... 31

1.14 迭代器 ... 32

1.15 生成器 ... 33

1.16 函数 ... 34
- 1.16.1 return 语句 ... 34
- 1.16.2 lambda 函数 ... 35

1.17 模块 ... 35

1.18 总结 ... 36

1.19 问题 ... 37

第 2 章 调试和分析 Python 脚本程序 ... 38

2.1 什么是调试 ... 38

2.2 错误处理（异常处理）... 39

2.3 调试工具 ... 41
- 2.3.1 pdb 调试器 ... 41
- 2.3.2 在解释器中运行 ... 42
- 2.3.3 在命令行中运行 ... 43
- 2.3.4 在 Python 脚本中使用 ... 43

2.4 调试基本程序崩溃的方法 ... 44

目录

2.5 分析程序并计时 ························ 45
    2.5.1 cProfile 模块 ····················· 45
    2.5.2 timeit 模块 ······················ 46

2.6 使程序运行得更快 ······················ 47

2.7 总结 ······························ 47

2.8 问题 ······························ 48

第 3 章 单元测试框架简介 ·············· 49

3.1 什么是 unittest ························ 49

3.2 创建单元测试 ·························· 50

3.3 单元测试中的常用方法 ···················· 51

3.4 总结 ······························ 53

3.5 问题 ······························ 53

第 4 章 自动化常规管理活动 ············ 54

4.1 通过重定向（redirection）、管道（pipe）和文件 3 种方式接收输入 ········· 54
    4.1.1 通过重定向接收输入 ·············· 55
    4.1.2 通过管道接收输入 ··············· 55
    4.1.3 通过文件接收输入 ··············· 56

4.2 在运行时处理密码 ······················· 57

4.3 执行外部命令并获取其输出 ·················· 58

4.4 使用 subprocess 模块捕获输出 ················ 59

4.5 在运行时提示输入密码，并验证密码 ············· 60

4.6 读取配置文件 ·························· 62

4.7 向脚本添加日志记录和警告代码 ················ 63

4.8 限制 CPU 和内存的使用量 ··················· 65

4.9 启动网页浏览器 ························ 66

4.10 使用 os 模块处理目录和文件 ················· 67

4.10.1 创建目录与删除目录 67

  4.10.2 检测文件系统的内容 68

 4.11 进行备份（使用 rsync） 68

 4.12 总结 70

 4.13 问题 70

第 5 章 处理文件、目录和数据 71

 5.1 使用 os 模块处理目录 71

  5.1.1 获取工作目录 72

  5.1.2 更改目录 72

  5.1.3 列出文件和目录 72

  5.1.4 重命名目录 72

 5.2 复制、移动、重命名和删除文件 73

  5.2.1 复制文件 73

  5.2.2 移动文件 74

  5.2.3 重命名文件 74

  5.2.4 删除文件 74

 5.3 使用路径 75

 5.4 比较数据 76

 5.5 合并数据 78

 5.6 用模式匹配文件和目录 78

 5.7 元数据：数据的数据 79

 5.8 压缩和解压 80

 5.9 使用 tarfile 模块创建 TAR 文件 81

 5.10 使用 tarfile 模块查看 TAR 文件的内容 81

 5.11 总结 82

 5.12 问题 82

第 6 章 文件归档、加密和解密 ... 84

6.1 创建和解压归档文件 ... 84
6.1.1 创建归档文件 ... 84
6.1.2 解压归档文件 ... 85
6.2 TAR 归档文件 ... 86
6.3 创建 ZIP 文件 ... 89
6.4 文件加密与解密 ... 91
6.5 总结 ... 93
6.6 问题 ... 93

第 7 章 文本处理和正则表达式 ... 94

7.1 文本包装 ... 94
7.1.1 wrap()函数 ... 94
7.1.2 fill()函数 ... 95
7.1.3 dedent()函数 ... 96
7.1.4 indent()函数 ... 97
7.1.5 shorten()函数 ... 98
7.2 正则表达式 ... 99
7.2.1 match()函数 ... 101
7.2.2 search()函数 ... 101
7.2.3 findall()函数 ... 102
7.2.4 sub()函数 ... 103
7.3 Unicode 字符串 ... 105
7.3.1 Unicode 代码点 ... 106
7.3.2 编码 ... 107
7.3.3 解码 ... 107
7.3.4 避免 UnicodeDecodeError ... 107

7.4	总结	108
7.5	问题	108

第 8 章　文档和报告　110

8.1	标准输入和输出	110
8.2	字符串格式化	113
8.3	发送电子邮件	115
8.4	总结	118
8.5	问题	118

第 9 章　处理不同类型的文件　120

9.1	处理 PDF 文件	120
	9.1.1　读取 PDF 文件并获取页数	121
	9.1.2　提取文本	121
	9.1.3　旋转 PDF 页面	122
9.2	处理 Excel 文件	123
	9.2.1　使用 xlrd 模块	123
	9.2.2　使用 Pandas 模块	124
	9.2.3　使用 openpyxl 模块	126
9.3	处理 CSV 文件	129
	9.3.1　读取 CSV 文件	129
	9.3.2　写入 CSV 文件	130
9.4	处理文本文件	131
	9.4.1　open()函数	131
	9.4.2　close()函数	132
	9.4.3　写入文本文件	132
	9.4.4　读取文本文件	133
9.5	总结	134

9.6	问题	134

第 10 章 网络基础——套接字编程 135

10.1	套接字	135
10.2	http 程序包	137
10.2.1	http.client 模块	138
10.2.2	http.server 模块	140
10.3	ftplib 模块	140
10.3.1	下载文件	141
10.3.2	使用 getwelcome() 获取欢迎信息	141
10.3.3	使用 sendcmd() 向服务器发送命令	142
10.4	urllib 程序包	143
10.5	总结	144
10.6	问题	145

第 11 章 使用 Python 脚本处理电子邮件 146

11.1	邮件消息格式	146
11.2	添加 HTML 和多媒体内容	147
11.3	POP3 和 IMAP 服务器	150
11.3.1	使用 poplib 模块接收电子邮件	150
11.3.2	使用 imaplib 模块接收电子邮件	152
11.4	总结	153
11.5	问题	154

第 12 章 通过 Telnet 和 SSH 远程控制主机 155

12.1	telnetlib 模块	155
12.2	subprocess 模块	158
12.3	使用 fabric 模块执行 SSH	160

12.4	使用 paramiko 模块执行 SSH	161
12.5	使用 netmiko 模块执行 SSH	163
12.6	总结	165
12.7	问题	165

第 13 章 创建图形用户界面 167

13.1	GUI 简介	167
13.2	使用程序库创建基于 GUI 的应用程序	168
13.3	总结	170
13.4	问题	171

第 14 章 使用 Apache 及其他类型的日志文件 172

14.1	安装并使用 Apache Logs Viewer 应用程序	172
14.2	解析复杂日志文件	174
14.3	使用异常机制的必要性	177
14.4	解析不同文件的技巧	178
14.5	错误日志	178
14.6	访问日志	179
14.7	解析其他日志文件	180
14.8	总结	182
14.9	问题	183

第 15 章 SOAP 和 RESTful API 通信 184

15.1	什么是 SOAP	184
15.2	什么是 RESTful API	185
15.3	处理 JSON 数据	187
15.4	总结	190
15.5	问题	190

第 16 章　网络爬虫——从网站中提取有用的数据　　192

16.1　什么是网络爬虫　　192
16.2　数据提取　　193
16.2.1　Requests 库　　193
16.2.2　BeautifulSoup 库　　193
16.3　从维基百科网站抓取信息　　197
16.4　总结　　198
16.5　问题　　198

第 17 章　统计信息的收集和报告　　199

17.1　NumPy 模块　　199
17.1.1　使用数组和标量　　202
17.1.2　数组索引　　204
17.1.3　通用函数　　207
17.2　Pandas 模块　　208
17.2.1　序列　　209
17.2.2　数据帧　　210
17.3　数据可视化　　212
17.3.1　Matplotlib　　212
17.3.2　Plotly　　220
17.4　总结　　226
17.5　问题　　226

第 18 章　MySQL 和 SQLite 数据库管理　　228

18.1　MySQL 数据库管理　　228
18.1.1　获取数据库版本号　　231
18.1.2　创建表并插入数据　　232

  18.1.3 检索数据 ··· 233
  18.1.4 更新数据 ··· 234
  18.1.5 删除数据 ··· 235
18.2 SQLite 数据库管理 ··· 235
  18.2.1 连接数据库 ·· 236
  18.2.2 创建表 ·· 237
  18.2.3 插入数据 ··· 237
  18.2.4 检索数据 ··· 238
  18.2.5 更新数据 ··· 239
  18.2.6 删除数据 ··· 240
18.3 总结 ··· 242
18.4 问题 ··· 242

第 1 章
Python 脚本编程概述

Python 是一种脚本语言，由吉多·范·罗苏姆（Guido van Rossum）于 1991 年创造。Python 被用于开发各种应用程序，如游戏、GIS 编程、软件开发、Web 开发、数据分析、机器学习和系统脚本编程等。

Python 是一种面向对象的高级编程语言，具有动态语义。更重要的是，Python 是一种解释型语言。因为它具有许多高级特性，所以 Python 适用于快速开发应用程序。

Python 简单易学，因为它的语法具有很好的可读性，程序维护成本低。

Python 的一个重要功能就是允许程序导入模块（module）和包（package）以实现代码重用。Python 解释器执行过程很容易被理解：依次编写的各部分代码将被逐行执行。Python 还拥有各类强大的功能库。

本章将介绍以下主题。

- Python 脚本编程。
- 安装和使用 Python 及各种工具。
- 变量、数值和字符串（string）。
- Python 支持的数据结构，以及如何在脚本中使用它们。
- 判断语句，也就是 `if` 语句。
- 循环控制，也就是 `for` 和 `while` 循环。
- 函数（function）。
- 模块。

1.1　技术要求

在开始阅读本书之前，请提前了解 Python 编程的基础知识，例如基本语法、变量类型、元组（tuple）类型、列表（list）、字典（dictionary）、函数、字符串和方法（method）等。Python 官网提供了两个 Python 版本：3.7.2 和 2.7.15，本书中的示例代码和需要安装的软件包均使用 3.7 版。

1.2　为什么选择 Python

Python 提供了大量开源的数据分析工具、Web 框架、测试工具等程序库。Python 可以在不同的操作系统上使用（Windows、macOS、Linux 和嵌入式 Linux H/W 操作系统，例如 Raspberry Pi）。Python 也可以用于开发桌面和 Web 应用程序。

Python 可以让开发人员用更少的代码实现相同或者更多的功能。Python 在解释器上运行，所以程序原型设计非常快。Python 支持面向对象、面向过程和函数式编程。

使用 Python 能创建 Web 应用程序，也能与其他软件搭配使用，以改善工作流程。Python 可用于连接数据库系统，也能处理文件，并且能够处理大数据或执行复杂的数学运算。

1.3　Python 语法的优势

Python 语法接近英语，所以其代码具有高可读性。Python 以换行作为一条语句的结束。

Python 拥有一个重要特性：缩进。使用缩进可以控制判断语句、循环语句（如 `for` 和 `while` 循环）、函数和类（class）的作用范围。

1.4　安装 Python

本节我们将学习在 Linux 和 Windows 等不同操作系统上安装 Python。

1.4.1　在 Linux 上安装 Python

大多数 Linux 发行版默认安装了 Python 2，其中一些发行版也默认安装了 Python 3。

在 Debian 系列 Linux 发行版上,使用如下命令安装 Python 3。

```
sudo apt install python3
```

在 centos 上使用如下命令安装 Python 3。

```
sudo yum install python3
```

如果使用上述命令无法安装 Python,请在官网下载 Python 安装包并根据引导安装 Python。

1.4.2 在 Windows 上安装 Python

要在 Microsoft Windows 中安装 Python,需要从 Python 官网下载可执行文件并安装。首先从官网下载 `python.exe`,然后选择要安装的 Python 版本,最后双击下载的安装文件并安装 Python。在安装向导中,选中将"Python 添加到路径"的复选框,然后按照说明安装 Python 3。

安装 pip 并使用 pip 安装软件包

在 Linux 上安装 `pip`。

```
sudo apt install python-pip --- This will install pip for python 2.
sudo apt install python3-pip --- This will install pip for python 3.
```

在 Windows 上安装 `pip`。

```
python -m pip install pip
```

1.4.3 在 Mac 上安装 Python

安装 Python 3 之前需要安装 `brew`,使用如下命令安装 `brew`。

```
/usr/bin/ruby -e "$(curl -fsSL
https://raw.githubusercontent.com/Homebrew/install/master/install)"
```

然后使用 `brew` 安装 Python 3。

```
brew install python3
```

1.4.4 安装 Jupyter Notebook

方法一:Anaconda 包含了 Jupyter Notebook,下载 Anaconda 后根据引导安装即可。

方法二：使用 pip 安装。

`pip install jupyter`

在 Linux 中，运行 `pip install jupyter` 这条命令将会安装 Python 2 的 Jupyter。如果我们需要安装 Python 3 的 Jupyter，可以运行以下命令。

`pip3 install jupyter`

1.4.5 安装并使用虚拟环境

现在我们学习如何安装虚拟环境（virtual environment）并激活它。

在 Linux 上，按照如下步骤安装虚拟环境。

1. 首先检查是否已经安装 pip，然后使用 pip 安装 Python 3。

`sudo apt install python3-pip`

2. 使用 pip3 安装虚拟环境。

`sudo pip3 install virtualenv`

3. 创建一个虚拟环境。我们可以为虚拟环境起一个名字，这里使用 pythonenv。

`virtualenv pythonenv`

4. 激活这个虚拟环境。

`source venv/bin/activate`

5. 使用完毕后，使用如下命令注销 virtualenv。

`deactivate`

在 Windows 上，使用命令 `pip install virtualenv` 安装虚拟环境，安装步骤与 Linux 相同。

1.4.6 安装 Geany 和 PyCharm

从官网下载 Geany 及所需的二进制文件，安装时请按照说明进行操作。

从官网下载 PyCharm 并按照说明进行操作。

1.5 Python 解释器

Python 是一种解释型语言。它有一个交互式控制台，称为 Python 解释器或 Python Shell。此 Shell 可以即时逐行执行程序，而无须创建脚本文件。

在 Python 交互式控制台中，我们可以访问 Python 所有内置函数和库、已安装的模块和输入过的命令。该控制台为我们提供了探索 Python 的平台。在控制台编写并调试完成后，就可以将代码粘贴到脚本文件中了。

1.5.1 Python 和 Bash 有何区别

在本节中，我们将了解 Python 和 Bash 之间的区别。它们的主要区别如下。

- Python 是一种脚本语言，而 Bash 是用于输入和执行命令的 Shell 程序。
- 使用 Python 可以更容易地处理更大规模的程序。
- 在 Python 中，只需导入模块，然后调用函数即可完成大多数操作。

1.5.2 启动交互式控制台

我们可以从任何已安装 Python 的计算机上访问 Python 的交互式控制台。运行以下命令启动 Python 的交互式控制台。

```
$ python
```

这将启动默认的 Python 交互式控制台。

在 Linux 中，如果我们在终端中输入 Python，就会启动 Python 2.7 控制台。如果我们想启动 Python 3 控制台，就需要在终端中输入 python3 并按 Enter 键。

在 Windows 中，当我们在命令行中输入 Python 时，它将启动所安装的 Python 版本的控制台。

1.5.3 使用 Python 交互式控制台编写脚本

Python 交互式控制台的脚本从>>>前缀开始，我们可以在>>>前缀后编写 Python 命令。

Python 变量赋值,如下所示。

```
>>> name = John
```

在这里,已经为变量 name 赋予了字符串值 John。然后按 Enter 键,就会得到一个有>>>前缀的新行。

```
>>> name = John
```

以下示例为多个变量赋值,并执行简单的数学运算,然后输出计算后的值。

```
>>> num1 = 5000
>>> num2 = 3500
>>> num3 = num1 + num2
>>> print (num3)
8500
>>> num4 = num3 - 2575
>>> print (num4)
5925
>>>
```

这段代码先为两个变量赋值,然后让两个变量相加,把结果存储在第三个变量中,并将结果输出到终端。然后从结果变量中减去一个值,并将结果存储在第四个变量中。最后将结果输出到终端。所以我们也可以将 Python 解释器作为计算器使用。

```
>>> 509/22
23.136363636363637
>>>
```

这里进行了除法操作。509 除以 22,得到的结果是 23.136363636363637。

1.5.4　多行模式

当我们需要在 Python 解释器中一次编写多行代码时(例如,编写 if 语句块以及 for 和 while 循环),解释器显示 3 个点(...)来提示继续输入。按两次 Enter 键就可以退出多行模式。现在我们来看下面的例子。

```
>>> val1 = 2500
>>> val2 = 2400
>>> if val1 > val2:
...     print("val1 is greater than val2")
... else:
...     print("val2 is greater than val1")
```

```
...
val1 is greater than val2
>>>
```

上面的代码为两个变量 val1 和 val2 赋予了整数值，然后检查 val1 是否大于 val2。在这种情况下，val1 大于 val2，因此 if 块中的语句将被输出。请记住，if 和 else 块中的语句是需要缩进的，如果不使用缩进，Python 将输出以下错误。

```
>>> if val1 > val2:
... print("val1 is greater than val2")
File "<stdin>", line 2
print("val1 is greater than val2")
^
IndentationError: expected an indented block
>>>
```

1.5.5 通过 Python 解释器导入模块

如果需要导入模块，Python 解释器将首先检查该模块是否可用，我们可以使用 import 语句来导入模块。输入 import 语句并按 Enter 键后，若产生>>>前缀，代表导入成功。如果该模块不存在，Python 解释器将输出错误。

```
>>> import time
>>>
```

导入 time 模块后，产生>>>前缀。这代表 time 模块存在并且导入成功。

```
>>> import matplotlib
```

如果该模块不存在，那么我们将得到一个 Traceback 错误。

```
File "<stdin>", line 1, in <module>
ImportError: No module named 'matplotlib'
```

现在 matplotlib 模块不可用，Python 给出的解释为 ImportError: No module named 'matplotlib'。

要解决这个问题，就需要安装 matplotlib，然后再次尝试导入 matplotlib。安装 matplotlib 后，就可以导入模块了，如下所示。

```
>>> import matplotlib
>>>
```

1.5.6 退出 Python 控制台

我们可以通过两种方式来退出 Python 控制台。

- 使用快捷键：Ctrl + D。
- 使用 `quit()` 或 `exit()` 函数。

1. 快捷键

使用快捷键 Ctrl + D 退出，如下所示。

```
>>> val1 = 5000
>>> val2 = 2500
>>>
>>> val3 = val1 - val2
>>> print (val3)
2500
>>>
student@ubuntu:~$
```

2. 使用 quit()或 exit()函数

使用 `quit()` 函数退出 Python 的交互式控制台，并且返回终端，如下所示。

```
>>> Lion = 'Simba'
>>> quit()
student@ubuntu$
```

1.5.7 缩进和标签

在 Python 中，我们必须使用缩进来控制代码块。在编写函数、决策语句、循环语句和类时，缩进很有用，它使 Python 程序非常具有可读性。

我们使用缩进来控制 Python 程序中的代码块，具体可以使用空格或制表符来缩进代码，如下所示。

```
if val1 > val2:
    print ("val1 is greater than val2")
print("This part is not indented")
```

在这个示例中，我们缩进了第一个 `print` 语句，表示它属于 `if` 语句块。第二个

`print` 语句没有被缩进，表示它不属于 `if` 语句块。

1.5.8 变量

与其他编程语言一样，Python 不需要先声明变量然后才能使用它。在 Python 中，我们只需直接使用一个名称作为变量名，并为其赋值就行了。之后就可以在程序中使用该变量。因此我们可以在任意时刻声明变量。

在 Python 中，变量的值和类型可能在程序执行期间发生变化。在以下代码行中，我们将数值 100 赋给变量。

```
n = 100
#这里将 100 赋值给 n，然后将 n 的值加 1
>>> n = n + 1
>>> print(n)
101
>>>
```

以下是一个变量在程序执行期间被改变类型的示例。

```
a = 50 # 数据类型隐式设置为 int
a = 50 + 9.50 # 数据类型变为 float
a = "Seventy" # 数据类型变为 string
```

Python 在后台管理不同的数据类型，每种类型的值都存储在不同的内存位置。对于开发者来说，变量只是一个名称。

```
>>> msg = 'And now for something completely different'
>>> a = 20
>>> pi = 3.1415926535897932
```

这段代码进行了 3 次赋值。第一次给变量 msg 赋予一个字符串值，第二次给变量 a 赋予一个整数值，第三次给变量 pi（圆周率）赋予浮点数值。

变量的类型就是其所引用的值的类型，如下所示。

```
>>> type(msg)
<type 'str'>
>>> type(a)
<type 'int'>
>>> type(pi)
<type 'float'>
```

创建变量并为其赋值

在 Python 中，我们不需要显式声明变量所需的内存空间，只要为变量赋值，声明就会自动完成。等号（=）用于为变量赋值。考虑如下示例代码。

```
#!/usr/bin/python3
name = 'John'
age = 25
address = 'USA'
percentage = 85.5
print(name)
print(age)
print(address)
print(percentage)
```

输出如下。

```
John
25
USA
85.5
```

在以上示例中，程序为变量 `name` 赋予字符串值 John，为变量 `age` 赋予整数值 25，为变量 `address` 赋予字符串值 USA，为变量 `percentage` 赋予浮点数值 85.5。

我们不需要像其他编程语言一样，先声明变量类型。因此，查看解释器输出就可以获得该变量的类型。在上面的示例中，`name` 和 `address` 是字符串类型，`age` 是整数类型，`percentage` 是浮点数类型。

我们可以为多个变量赋予相同的值。

```
x = y = z = 1
```

这个语句创建了 3 个变量，并为它们赋予整数值 1。这 3 个变量都指向相同的内存位置。

在 Python 中，我们也可以为多个变量分别赋予不同的值。

```
x, y, z = 10, 'John', 80
```

这里为变量 y 赋予字符串值 John，为变量 x 和变量 z 分别赋予整数值 10 和整数值 80。

1.5.9 数值

Python 解释器也可以作为计算器使用。我们只需要输入计算表达式,就可以得到结果。其中括号可以用来提升运算优先级,如下所示。

```
>>> 5 + 5
10
>>> 100 - 5*5
75
>>> (100 - 5*5)/15
5.0
>>> 8/5
1.6
```

整数是 int 类型,小数则是 float 类型。

在 Python 中,除法(/)操作总是返回一个浮点数值。地板(floor)除(//)则可以获得整数结果。%运算符用于计算余数。

考虑以下示例程序。

```
>>> 14/3
4.666666666666667
>>>
>>> 14//3
4
>>>
>>> 14%3
2
>>> 4*3+2
14
>>>
```

为了计算指数,Python 提供了**运算符,如下所示。

```
>>> 8**3
512
>>> 5**7
78125
>>>
```

等号(=)用于给变量赋值。

```
>>> m = 50
>>> n = 8 * 8
```

```
>>> m * n
3200
```

如果一个变量并没有值,但我们仍然要使用它,则 Python 解释器将会报错。

```
>>> k
Traceback (most recent call last):
File "<stdin>", line 1, in <module>
NameError: name 'k' is not defined
>>>
```

如果我们使用运算符计算不同类型的数值,则会得到一个浮点数。

```
>>> 5 * 4.75 - 1
22.75
```

在 Python 交互式控制台中,下划线(_)包含最后一次输出的表达式的值,如下所示。

```
>>> a = 18.5/100
>>> b = 150.50
>>> a * b
27.8425
>>> b + _
178.3425
>>> round(_, 2)
178.34
>>>
```

数值类型是不可变数据的类型。如果我们尝试改变它的值,Python 将会为变量分配一个新对象。

我们可以通过赋值来创建数值对象,如下所示。

```
num1 = 50
num2 = 25
```

del 语句用于删除单个或多个变量,如下所示。

```
del num
del num_a, num_b
```

数值类型的转换

在某些情况下,如果我们需要将数值显式地从一种类型转换为另一种类型,以满足某些需求,Python 将使用下面这些表达式在内部转换数值类型。

- 输入 int(a) 将 a 转换为整数。
- 输入 float(a) 将 a 转换为浮点数。
- 输入 complex(a) 将 a 转换为具有实部 a 和虚部 0 的复数。
- 输入 complex(a,b) 将 a 和 b 转换为具有实部 a 和虚部 b 的复数,a 和 b 均是数值。

1.6 字符串

正如数值类型一样,字符串(string)类型也是 Python 的内置数据类型。Python 可以操纵字符串。字符串的表达式如下。

- 使用单引号包含字符串（'...'）。
- 使用双引号包含字符串（"..."）。

代码如下所示。

```
>>> 'Hello Python'
'Hello Python'
>>> "Hello Python"
'Hello Python'
```

一个字符串就是一组字符,我们也可以访问单个字符。

```
>>> city = 'delhi'
>>> letter = city[1]
>>> letter = city[-3]
```

在第二个语句中,我们从 city 中选择编号 1 的字符并将其值赋予 letter。方括号中的数字代表一个索引,索引指示将要访问的字符地址,并且从 0 开始计数。因此在这个示例中,执行 letter = city [1]后,将获得以下输出。

```
city  d  e  l  h  i
index 0  1  2  3  4
     -5 -4 -3 -2 -1
```

输出如下。

```
e
l
```

1.6.1 连接（+）和重复（*）

现在我们学习字符串的连接和重复，如下所示。

```
>>> 3 * 'hi' + 'hello'
'hihihihello'
```

这段代码展示了字符串如何连接和重复。3 * 'hi'表示hi重复3次，+表示将字符串hello连接在hi后面。

我们也可以将两个字符串写在一起，让它们自动连接。这两个字符串必须用单引号括起来，代码如下所示。

```
>>> 'he' 'llo'
'hello'
```

这个特性非常有用，比如需要输入非常长的字符串时，可以分为几部分输入。

```
>>> str = ('Several strings'
... 'joining them together.')
>>> str
'Several strings joining them together.'
```

1.6.2 字符串切片

Python字符串支持切片操作，它是指从字符串中获取指定范围的字符。我们来看下面的例子。请注意，起始索引位置的字符将被包含，而结束索引位置的字符将不被包含。

令 str = "Programming"。

```
>>> str[0:2]
'Pr'
>>> str[2:5]
'ogr'
```

如果省略第一个索引，那么索引将使用默认值0，如下所示。

```
>>> str[:2] + str[2:]
'Python'
>>> str[:4] + str[4:]
'Python'
>>> str[:2]
'Py'
>>> str[4:]
```

```
'on'
>>> str[-2:]
'on'
```

1.6.3 访问字符串中的值

我们可以使用方括号通过切片访问字符串中指定的单个字符，还可以访问指定范围之间的字符，如下所示。

```
#!/usr/bin/python3
str1 = 'Hello Python!'
str2 = "Object Oriented Programming"
print ("str1[0]: ", str1[0])
print ("str2[1:5]: ", str2[1:5])
```

输出如下。

```
str1[0]: H
str2[1:5]: bjec
```

1.6.4 更新字符串

我们可以对指定的索引重新赋值，来更新字符串，如下所示。

```
#!/usr/bin/python3
str1 = 'Hello Python!'
print ("Updated String: - ", str1 [:6] + 'John')
```

输出如下。

```
Updated String: - Hello John
```

1.6.5 转义字符

Python 支持不可打印的转义字符，它们可以用反斜杠加转义字符来表示，如表 1-1 所示。转义字符在单引号和双引号字符串中均会生效。

表 1-1　　　　　　　　　　　　　　　转义字符

符号	十六进制表示	描述
a	0x07	响铃或警报
b	0x08	退格

续表

符号	十六进制表示	描述
\cx		Control-x
\n	0x0a	新行
\C-x		Control-x
\e	0x1b	转义
\f	0x0c	换页
\s	0x20	空格
\M-C-x		Meta-control-x
\x		字符 x
\nnn		八进制表示法,其中 n 在 0~7 范围内
\r	0x0d	回车
\xnn		十六进制表示法,其中 n 在 0~9、a~f 或 A~F 范围内
\t	0x09	制表符
\v	0x0b	纵向制表符

1.6.6 字符串的特殊运算符

表 1-2 展示了字符串的特殊运算符。假设变量 a 的值为 Hello,变量 b 的值为 World。

表 1-2　　　　　　　　　字符串的特殊运算符

运算符	描述	示例
+	将两个字符串连接起来	a + b 得到 HelloWorld
[]	切片:获取指定索引的字符	a[7]得到 r
[:]	范围切片:获取指定索引范围的字符	a[1:4]得到 ell
*	重复:创建新字符串,连接同一字符串的多个副本	a*2 得到 HelloHello
not in	包含关系:如果给定字符串中不存在某个字符,则返回 True	z not in a 得到 True
in	包含关系:如果给定字符串中存在某个字符,则返回 True	h in a 得到 True
%	格式化:将字符串格式化	

1.6.7 字符串格式化运算符

%是字符串格式化运算符,如下所示。

```
#!/usr/bin/python3
print ("Hello this is %s and my age is %d !" % ('John', 25))
```

输出如下。

```
Hello this is John and my age is 25 !
```

表 1-3 展示了与 % 一起使用的符号。

表 1-3　　　　　　　　　字符串格式化符号和对应的转换值

格式化符号	转换值
%c	字符
%s	格式化之前通过 str() 进行字符串转换
%i	有符号十进制整型
%d	有符号十进制整型
%u	无符号十进制整型
%o	八进制整型
%x	十六进制整型（小写 x）
%X	十六进制整型（大写 X）
%e	指数表示法（小写 e）
%E	指数表示法（大写 E）
%f	浮点实数

1.6.8　Python 中的三引号

Python 中的三引号用于输入多行字符串，能包含换行符和制表符。三引号语法可以由 3 个连续的单引号或双引号构成，如下所示。

```
#!/usr/bin/python3

para_str = """ Python is a scripting language which was created by
Guido van Rossum in 1991, which is used in various sectors such as Game
Development, GIS Programming, Software Development, web development,
Data Analytics and Machine learning, System Scripting etc.
"""
print (para_str)
```

它的输出如下，请注意制表符和换行符。

```
Python is a scripting language which was created by
Guido van Rossum in 1991, which is used in various sectors such as
Game Development, GIS Programming, Software Development, web development,
Data Analytics and Machine learning, System Scripting etc.
```

1.6.9 字符串是不可变的

字符串是不可变对象,这意味着我们无法更改字符串的值,如下所示。

```
>>> welcome = 'Hello, John!'
>>> welcome[0] = 'Y'
TypeError: 'str' object does not support item assignment
```

虽然字符串是不可变的,我们无法更改已有的字符串,但是我们可以创建一个与原始字符串不同的新字符串。

```
>>> str1 = 'Hello John'
>>> new_str = 'Welcome' + str1[5:]
>>> print(str1)
Hello John
>>> print(new_str)
Welcome John
>>>
```

1.7 理解列表

Python 支持一种名为列表(list)的数据结构,它是一个可变且有序的元素序列。该列表中的每个元素都被称为项(item)。我们通过在方括号(`[]`)之间输入值来定义列表。列表的每个元素都有一个对应数字,称为位置或索引。索引从 0 开始计数,第一个索引为 0,第二个索引为 1,以此类推。我们可以对列表执行以下操作:索引、切片、添加、乘法和检查包含关系。

Python 的内置 `length` 函数可以返回列表的长度。Python 还内置查找列表中最大值和最小值的函数。列表的形式可以是数值列表、字符串列表或混合列表。

以下是创建列表的代码。

```
l = list()
numbers = [10, 20, 30, 40]
animals = ['Dog', 'Tiger', 'Lion']
list1 = ['John', 5.5, 500, [110, 450]]
```

这里创建了 3 个列表：第一个是 `numbers`，第二个是 `animals`，第三个是 `list1`。一个列表包含另一个列表称为嵌套列表。`list1` 就是一个嵌套列表。不包含元素的列表称为空列表，我们可以用一个空的方括号来创建空列表。

同时，我们也可以将列表赋值给变量。

```
>>> cities = ['Mumbai', 'Pune', 'Chennai']
>>> numbers_list = [75, 857]
>>> empty_list = []
>>> print (cities, numbers_list, empty_list)
['Mumbai', 'Pune', 'Chennai'] [75, 857] []
```

1.7.1 访问列表中的值

我们可以使用索引从列表中访问值，在方括号中指定索引值就行了。索引从 0 开始计数，如下所示。

```
#!/usr/bin/python3
cities = ['Mumbai', 'Bangalore', 'Chennai', 'Pune']
numbers = [1, 2, 3, 4, 5, 6, 7 ]
print (cities[0])
print (numbers[1:5])
```

输出如下。

```
Mumbai
[2, 3, 4, 5]
```

1.7.2 更新列表

我们可以使用如下方法更新列表。

```
#!/usr/bin/python3
cities = ['Mumbai', 'Bangalore', 'Chennai', 'Pune']
print ("Original Value: ", cities[3])
cities[3] = 'Delhi'
print ("New value: ", cities[3])
```

输出如下。

```
Original Value: Pune
New value: Delhi
```

1.7.3 删除列表元素

删除列表中的元素有多种方法,如果确切知道要删除的元素,我们可以使用 del 关键字来删除它,代码如下所示。如果不确切知道要删除哪些项,则可以使用 remove() 方法。

```
#!/usr/bin/python3
cities = ['Mumbai', 'Bangalore', 'Chennai', 'Pune']
print ("Before deleting: ", cities)
del cities[2]
print ("After deleting: ", cities)
```

输出如下。

```
Before deleting: ['Mumbai', 'Bangalore', 'Chennai', 'Pune']
After deleting: ['Mumbai', 'Bangalore', 'Pune']
```

1.7.4 列表的基本操作

列表有 5 种基本操作,如表 1-4 所示。

- 连接。
- 重复。
- 长度。
- 包含关系。
- 迭代。

表 1-4　　　　　　　　　　　　列表的基本操作

描述	表达式	结果
连接	`[30, 50, 60] + ['Hello', 75, 66]`	`[30,50,60,'Hello',75,66]`
包含关系	`45 in [45,58,99,65]`	True
迭代	`for x in [45,58,99] :` `    print (x,end = ' ')`	45 58 99
重复	`['Python'] * 3`	`['python', 'python', 'python']`
长度	`len([45, 58, 99, 65])`	4

1.7.5 列表运算符

本节我们主要学习 2 种基本的列表运算符：连接和重复。

+运算符用于连接列表。

```
>>> a = [30, 50, 60]
>>> b = ['Hello', 75, 66 ]
>>> c = a + b
>>> print c
[30,50,60,'Hello',75,66]
```

*运算符用于重复列表指定次数。

```
>>> [0] * 4
[0, 0, 0, 0]
>>> ['Python'] * 3
['python', 'python', 'python']
```

1.7.6 索引、切片和矩阵

列表索引的工作方式与字符串索引相同，都可以使用索引访问值。如果尝试读取或写入不存在的元素，则会得到 IndexError 错误。如果使用负值索引，则从列表末尾开始反向计数。

下面创建了一个名为 cities 的列表，具体的索引操作如表 1-5 所示。

```
cities = ['Mumbai', 'Bangalore', 'Chennai', 'Pune']
```

表 1-5　　　　　　　　　　　　列表的索引操作

描述	表达式	结果
正值，从 0 开始计数	cities[2]	'Chennai'
切片：获取部分元素	cities[1:]	['Bangalore', 'Chennai', 'Pune']
负值：反向计数	cities[-3]	'Bangalore'

1.8 元组

Python 的元组（tuple）数据结构是不可变的，这意味着我们无法改变元组的元素。元组是一系列值，用逗号分隔并用括号包含其中的元素。和列表一样，元组是一个有序的元素序列。

```
>>> t1 = 'h', 'e', 'l', 'l', 'o'
```

元组使用括号来包含元素。

```
>>> t1 = ('h', 'e', 'l', 'l', 'o')
```

我们可以创建只包含一个元素的元组，只需要在末尾添置一个逗号即可。

```
>>> t1 = 'h',
>>> type(t1)
<type 'tuple'>
```

括号中的值不是元组。

```
>>> t1 = ('a')
>>> type(t1)
<type 'str'>
```

也可以通过tuple()函数创建一个空元组。

```
>>> t1 = tuple()
>>> print (t1)
()
```

如果参数为序列类型（字符串、列表或元组），那么就会得到一个由各元素组成的序列。

```
>>> t = tuple('mumbai')
>>> print t
('m', 'u', 'm', 'b', 'a', 'i')
```

元组使用逗号分隔各元素的值。

```
>>> t = ('a', 'b', 'c', 'd', 'e')
>>> print t[0]
'a'
```

切片运算符可以选择指定范围内的元素。

```
>>> print t[1:3]
('b', 'c')
```

1.8.1 访问元组的值

要访问元组中的值，我们可以使用方括号进行切片或使用索引以获取该索引处的值，如下所示。

```
#!/usr/bin/python3
cities = ('Mumbai', 'Bangalore', 'Chennai', 'Pune')
```

```
numbers = (1, 2, 3, 4, 5, 6, 7)
print (cities[3])
print (numbers[1:6])
```

输出如下。

```
Pune
(2, 3, 4, 5)
```

1.8.2 更新元组

Python 中不能更新元组,因为元组是不可变的。但是我们可以通过现有元组创建一个新元组,如下所示。

```
#!/usr/bin/python3
cities = ('Mumbai', 'Bangalore', 'Chennai', 'Pune')
numbers = (1,2,3,4,5,6,7)
tuple1 = cities + numbers
print(tuple1)
```

输出如下。

```
('Mumbai', 'Bangalore', 'Chennai', 'Pune', 1, 2, 3, 4, 5, 6, 7)
```

1.8.3 删除元组中的元素

Python 中不能直接删除元组中的元素,所以只能使用 del 关键字删除整个元组,如下所示。

```
#!/usr/bin/python3
cities = ('Mumbai', 'Bangalore', 'Chennai', 'Pune')
print ("Before deleting: ", cities)
del cities
print ("After deleting: ", cities)
```

输出如下。

```
Before deleting: ('Mumbai', 'Bangalore', 'Chennai', 'Pune')
Traceback (most recent call last):
File "01.py", line 5, in <module>
print ("After deleting: ", cities)
NameError: name 'cities' is not defined
```

1.8.4 元组的基本操作

和列表一样,元组也有 5 种基本操作,如表 1-6 所示。

- 连接。
- 重复。
- 长度。
- 包含关系。
- 迭代。

表 1-6　　　　　　　　　　　元组的基本操作

描述	表达式	结果
迭代	`for x in (45,58,99) :` `print (x,end = ' ')`	45 58 99
重复	`('Python') * 3`	`('python', 'python', 'python')`
长度	`len(45, 58, 99, 65)`	4
连接	`(30, 50, 60) + ('Hello', 75, 66)`	`(30,50,60,'Hello',75,66)`
包含关系	`45 in (45,58,99,65)`	True

1.8.5　索引、切片和矩阵

元组的索引与列表的索引相同，都可以使用索引访问值。如果尝试读取或写入不存在的元素，则会得到 IndexError。如果索引为负值，则从元组末尾反向计数。

现在我们创建一个名为 cities 的元组并进行一些索引操作，如表 1-7 所示。

```
cities = ('Mumbai', 'Bangalore', 'Chennai', 'Pune')
```

表 1-7　　　　　　　　　　　元组的索引操作

描述	表达式	结果
正值：从 0 开始计数	`cities[2]`	`'Chennai'`
切片：获取部分元素	`cities[1:]`	`('Bangalore', 'Chennai', 'Pune')`
负值：从右向左计数	`cities[-3]`	`'Bangalore'`

1.8.6　max()函数和 min()函数

使用 max() 和 min() 函数，查找元组中的最大值和最小值。这些函数使我们能够获取更多相关数据的信息。我们来看以下示例。

```
>>> numbers = (50, 80,98, 110.5, 75, 150.58)
>>> print(max(numbers))
150.58
>>>
```

上面使用max()可以获取元组中的最大值。相似地，使用min()可以获取元组中的最小值，如下所示。

```
>>> numbers = (50, 80,98, 110.5, 75, 150.58)
>>> print(min(numbers))
50
>>>
```

现在就得到了最小值。

1.9 集合

集合（set）是无序的元素序列，并且元素不会重复，即每个元素都是唯一的。集合的一个基本用途是判断元素是否已经存在并消除重复条目。集合对象支持数学运算，例如求并集、交集、差集和对称差集。我们可以使用花括号（{}）或set()函数创建一个集合，其中set()函数用于创建空集。

以下是一个简短的示例代码。

```
>>> fruits = {'Mango', 'Apple', 'Mango', 'Watermelon', 'Apple', 'Orange'}
>>> print (fruits)
{'Orange', 'Mango', 'Apple', 'Watermelon'}
>>> 'Orange' in fruits
True
>>> 'Onion' in fruits
False
>>>
>>> a = set('abracadabra')
>>> b = set('alacazam')
>>> a
{'d', 'c', 'r', 'b', 'a'}
>>> a - b
{'r', 'd', 'b'}
>>> a | b
{'d', 'c', 'r', 'b', 'm', 'a', 'z', 'l'}
>>> a & b
{'a', 'c'}
```

```
>>> a ^ b
{'r', 'd', 'b', 'm', 'z', 'l'}
```

Python 的集合推导式如下。

```
>>> a = {x for x in 'abracadabra' if x not in 'abc'}
>>> a
{'r', 'd'}
```

1.10 字典

字典（dictionary）是 Python 内置数据类型，它由键值对组成，并用花括号括起来。字典是无序的，并且由键索引，其中每个键必须是唯一的，并且键必须是不可变类型。如果一个元组仅包含字符串、数字或元组，则它也可以用作键。

我们只需要一对花括号就可以创建一个空字典：{}。字典的主要操作是存储一个值，并且用一个键与之对应。访问时，我们可以通过键提取值，用 del 关键字可以删除键值对。如果对已存在的键赋予新值，与该键关联的旧值则会消失。而尝试对不存在的键提取值就会报错。以下是一个使用字典的示例代码。

```
>>> student = {'Name':'John', 'Age':25}
>>> student['Address'] = 'Mumbai'
>>> student
student = {'Name':'John', 'Age':25, 'Address':'Mumbai'}
>>> student['Age']
25
>>> del student['Address']
>>> student
student = {'Name':'John', 'Age':25}
>>> list(student.keys())
['Name', 'Age']
>>> sorted(student.keys())
['Age', 'Name']
>>> 'Name' in student
True
>>> 'Age' not in student
False
```

我们也可以用字典推导式创建字典。

```
>>> {x: x**2 for x in (4, 6, 8)}
{4: 16, 6: 36, 8: 64}
```

当键是简单的字符串时,使用参数指定键值对会更容易。

```
>>> dict(John=25, Nick=27, Jack=28)
{'Nick': 27, 'John': 25, 'Jack': 28}
```

1.11 解析命令行参数

本节我们将学习解析参数,以及用于解析参数的模块。

1.11.1 Python 中的命令行参数

通常我们可以在命令行中输入其他参数,使之随程序启动。Python 程序启动时也可以接收命令行参数。

```
$ python program_name.py img.jpg
```

这里,`program_name.py` 和 `img.jpg` 是参数。

如表 1-8 所示,我们可以使用模块来获取命令行参数。

表 1-8 命令行参数模块

模块	用途	Python 版本
optparse	已弃用	< 2.7
sys	所有参数都在 sys.argv 中(基本参数)	所有版本
argparse	构建命令行接口	>= 2.3
fire	自动生成命令行接口(CLI)	所有版本
docopt	创建 CLI 接口	>= 2.5

1.11.2 sys.argv

sys 模块用于访问命令行参数。len(sys.argv) 可以显示参数的数量,str(sys.argv) 可以输出所有参数。我们来看以下示例代码。

```
01.py
import sys
print('Number of arguments:', len(sys.argv))
print('Argument list:', str(sys.argv))
```

输出如下。

```
Python3 01.py img
Number of arguments 2
Arguments list: ['01.py', 'img']
```

1.12 判断语句

当我们需要在条件为真时执行某代码块,可以使用判断语句。if...elif...else 语句在 Python 中用于判断。

1.12.1 Python 的 if 语句语法

以下是 if 语句的语法。

```
if test_expression:
    statement(s)
```

这里,程序会判断 test_expression,并且只有在 test_expression 为 True 时才执行 statement(s)。如果 test_expression 为 False,则不执行语句。

在 Python 中,if 语句块由缩进控制。语句块主体以缩进的行开始,以第一个未缩进的行结束。我们来参考以下示例代码。

```
a = 10
if a > 0:
    print(a, "is a positive number.")
print("This statement is always printed.")

a = -10
if a > 0:
    print(a, "is a positive number.")
```

输出如下。

```
10 is a positive number.
This statement is always printed.
```

1.12.2 Python 的 if...else 语句语法

对于 if...else 语句,只有当 if 条件为 False 时才会执行 else 语句块。我们来参考以下代码。

```
if test_expression:
    if block
else:
    else block
```

if…else 语句首先判断 test_expression，仅当 if 条件为 True 时才执行 if 语句块。如果条件为 False，则执行 else 语句块。缩进用于区分不同语句块。我们来参考以下代码。

```
a = 10
if a > 0:
    print("Positive number")
else:
    print("Negative number")
```

输出如下。

```
Positive number
```

1.12.3　Python 的 if…elif…else 语句语法

elif 语句可以检查更多表达式是否为真，只要值为 True，就会执行对应的代码块。我们参考以下代码。

```
if test_expression:
    if block statements
elif test expression:
    elif block statements
else:
    else block statements
```

elif 是 else if 的缩写，它可以检查多个表达式。如果 if 语句中的条件为 False，则它检查下一个 elif 块的条件是否为 True，以此类推。如果所有条件都为 False，则执行 else 语句块。

无论什么条件，程序一次只执行 if…elif…else 中的一个语句块。if 语句块只能包含一个 else 块，但可以包含多个 elif 块。我们来参考以下代码。

```
a = 10
if a > 50:
 print("a is greater than 50")
elif a == 10:
```

```
print("a is equal to 10")
else:
 print("a is negative")
```

输出如下。

```
a is equal to 10
```

1.13 循环

Python 提供两种循环，以在脚本中编写循环结构语句。

- for 循环。
- while 循环。

下面我们学习 for 循环和 while 循环。

1.13.1 for 循环

for 循环为序列或可迭代对象中的每个元素依次执行 for 语句块中的语句。我们来参考以下语法。

```
for i in sequence:
    for loop body
```

迭代时，变量 i 会一次获取序列内的一个元素。循环语句会持续执行，直到序列中的最后一项，如图 1-1 所示。

我们来参考以下代码。

```
numbers = [6, 5, 3, 8, 4, 2, 5, 4, 11]
sum = 0
for i in numbers:
 sum = sum + i
 print("The sum is", sum)
```

输出如下。

```
The sum is 6
The sum is 11
```

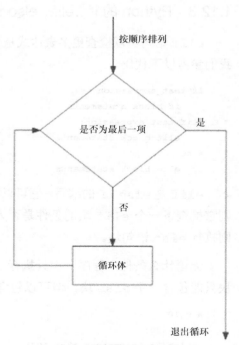

图 1-1 for 循环流程

```
The sum is 14
The sum is 22
The sum is 26
The sum is 28
The sum is 33
The sum is 37
The sum is 48
```

1.13.2　range()函数

Python 的 range() 函数可以用于生成一串数字。例如，range(10) 将生成 0～9 共 10 个数字。

我们还可以在 range() 函数中设置起始、结束和步长参数。

```
range(start, stop, step size)
Step size defaults to 1 if not provided.
For loop example using range() function:
```

如果没有设置步长参数，则默认为 1。

for 循环可以搭配 range() 函数使用。

```
for i in range(5):
    print("The number is", i)
```

输出如下。

```
The number is 0
The number is 1
The number is 2
The number is 3
The number is 4
```

1.13.3　while 循环

while 也是一种循环语句。只要判断的表达式为 True，它就会持续执行一段代码。当我们不知道迭代具体执行多少次时，可以使用 while 循环。

```
while test_expression:
    while body statements
```

while 循环首先判断 test_expression，仅当 test_expression 为 True 时，才会执行 while 语句块。在一次迭代之后，循环会再次判断 test_expression 并继

续以上流程，直到 test_expression 的结果为 False，如图 1-2 所示。

以下是 while 循环的示例代码。

```
a = 10
sum = 0
i= 1
while i <= a:
    sum = sum + i
    i = i + 1
    print("The sum is", sum)
```

输出如下。

```
The sum is 1
The sum is 3
The sum is 6
The sum is 10
The sum is 15
The sum is 21
The sum is 28
The sum is 36
The sum is 45
The sum is 55
```

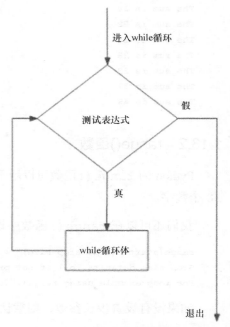

图 1-2　while 循环流程

1.14　迭代器

在 Python 中，迭代器（iterator）是一个可以迭代的对象。同时，它也是一个能返回数据的对象，一次返回一个元素。Python 的迭代器对象实现了 __iter__() 和 __next__() 两个方法。大多数情况下，迭代器是用循环、生成器（generator）和生成式实现的。

下面的示例代码使用 next() 函数遍历所有元素。在到达末尾且没有更多数据能返回时，就会触发 StopIteration 错误。

```
numbers = [10, 20, 30, 40]

numbers_iter = iter(numbers)

print(next(numbers_iter))
print(next(numbers_iter))
```

```
print(numbers_iter.__next__())
print(numbers_iter.__next__())

next(numbers_iter)
```

输出如下。

```
10
20
30
40
Traceback (most recent call last):
  File "sample.py", line 10, in <module>
    next(numbers_iter)
StopIteration
```

1.15 生成器

我们可以使用 Python 生成器来创建迭代器。在 Python 中，生成器是一个可以返回对象的函数，程序可以对其进行迭代。

在 Python 中怎样创建生成器

在 Python 中我们可以很容易创建生成器。使用 yield 语句而不是 return 语句来定义函数，只要函数至少包含一个 yield 语句，就是生成器函数。yield 和 return 语句都可以从函数返回值。参考以下代码。

```
def my_gen():
    n= 1
    print('This is printed first')
    yield n
    n += 1
    print('This is printed second')
    yield n
    n += 1
    print('This is printed at last')
    yield n
    for item in my_gen():
        print(item)
```

输出如下。

```
This is printed first
1
This is printed second
2
This is printed at last
3
```

1.16 函数

函数是执行特定功能的一组语句。使用函数有助于将程序分解为更小的部分，也可以使程序更有条理，因为它提高了代码的可重用性，避免重复编写代码。我们来参考以下语法。

```
def function_name(parameters):
    statement(s)
```

参考以下代码。

```
def welcome(name):
    print("Hello " + name + ", Welcome to Python Programming !")
welcome("John")
```

输出如下。

```
Hello John, Welcome to Python Programming !
```

1.16.1 return 语句

return 语句用于退出函数。我们来参考以下语法。

```
return [expression_list]
```

此语句可以包含一个用于返回值的表达式。如果没有表达式，则该函数将返回 None，如下所示。

```
def return_value(a):
    if a >= 0:
        return a
    else:
        return -a
print(return_value(2))
print(return_value(-4))
```

输出如下。

```
2
4
```

1.16.2　lambda 函数

在 Python 中，匿名函数是一个没有名称的函数，也叫 `lambda` 函数，因为它是使用关键字 `lambda` 定义的。当我们需要一个临时函数时，就可以使用 `lambda` 函数。

`lambda` 函数可以与内置函数一起使用，例如 `filter()` 函数和 `map()` 函数。

`filter()` 函数只接收一个可迭代对象作为输入，并返回一个元素列表。

以下是使用 `filter()` 函数的示例代码。

```
numbers = [10, 25, 54, 86, 89, 11, 33, 22]
new_numbers = list(filter(lambda x: (x%2 == 0) , numbers))
print(new_numbers)
```

输出如下。

```
[10, 54, 86, 22]
```

在此示例中，`filter()` 函数将 `lambda` 函数和一个列表作为参数。

`map()` 函数在接收指定函数后返回一个结果列表。以下是使用 `map()` 函数的示例代码。

```
my_list = [1, 5, 4, 6, 8, 11, 3, 12]
new_list = list(map(lambda x: x * 2 , my_list))
print(new_list)
```

输出如下。

```
[2, 10, 8, 12, 16, 22, 6, 24]
```

这里，`map()` 函数将 `lambda` 函数和一个列表作为参数。

1.17　模块

模块是只包含 Python 代码和定义的文件。包含 Python 代码的文件（例如，`sample.py`）被称为模块，其模块名称为 `sample`。使用模块时，我们可以将较大的程序分解为较小的、有组织的程序。模块的一个重要特征是可重用性。我们可以在模块中写入定义函数的代码,并且只在需要的时候才导入它,这样可以不用将常用函数的代码复制到各处。

现在我们创建一个模块。首先创建两个脚本:`sample.py` 和 `add.py`。接下来在 `sample.py` 中导入定义函数的代码,如下所示。

```
sample.py
def addition(num1, num2):
    result = num1 + num2
    return result
```

这里的 `sample` 模块定义了一个 `addition()` 函数,该函数接收两个数字并返回它们的和。现在我们创建了一个模块,之后可以在任何 Python 程序中导入它。

导入模块

创建模块之后,我们就该学习如何导入该模块了。在前面的示例中我们已经创建了一个 `sample` 模块。如下所示,在 `add.py` 脚本中导入 `sample` 模块。

```
add.py
import sample
sum = sample.addition(10, 20)
print(sum)
```

输出如下。

```
30
```

1.18 总结

本章介绍了 Python 脚本语言。首先,我们了解了如何安装 Python 和各种工具,还了解了 Python 解释器,并学习了如何使用它。然后,我们学习了 Python 支持的数据类型,如变量、数值和字符串等,还学习了判断语句和循环语句。之后学习了函数,以及如何在脚本中使用函数。最后学习了模块,以及如何创建和导入模块。

在第 2 章中,我们将学习 Python 调试技术、错误处理(异常处理)、调试工具、调试基本的程序崩溃、分析和计时程序,以及如何使程序运行得更快。

1.19 问题

1. 什么是迭代器和生成器？
2. 列表是可变的还是不可变的？
3. Python 中的数据结构是什么？
4. 如何访问列表中的值？
5. 什么是模块？

第 2 章 调试和分析 Python 脚本程序

调试技术和分析技术在 Python 开发中发挥着重要作用。调试器可以设置条件断点，帮助程序员分析所有代码。而分析器可以运行程序，并提供运行时的详细信息，同时也能找出程序中的性能瓶颈。在本章中，我们将学习 Python 调试器常用的 pdb、cProfile 模块和用于计算 Python 程序运行时间的 timeit 模块。

本章将介绍以下主题。

- Python 调试技术。
- 错误处理（异常处理）。
- 调试工具。
- 调试基本的程序崩溃。
- 分析程序并计时。
- 使程序运行得更快。

2.1 什么是调试

调试（debugging）是暂停正在运行的程序，并解决程序中出现的问题的过程。调试 Python 程序非常简单，Python 调试器会设置条件断点，并一次执行一行代码。接下来我们将使用 Python 标准库中的 pdb 模块调试 Python 程序。

Python 调试技术

我们可以使用多种方法调试 Python 程序，以下是调试 Python 程序的 4 种方法。

- `print` 语句：这是了解程序运行时状况的一种简单方法，它可以检查程序执行的过程。
- 日志（`logging`）：这类似于 `print` 语句，但可以输出更多上下文信息，所以我们十分有必要学习它。
- `pdb` 调试器：这是一种常用的调试技术。`pdb` 的优点是使用非常方便，只需要一个 Python 解释器，一段 Python 程序，就可以在命令行使用 `pdb` 了。
- IDE 调试器：IDE 集成了调试器，它可以让我们执行其编写的代码，并在需要时检查正在运行的程序。

2.2 错误处理（异常处理）

本节我们将学习如何处理 Python 的异常。首先，什么是异常？异常是指程序执行期间发生的错误。每当发生错误时，Python 都会生成一个异常。异常将会被 `try...except` 语句块处理。如果程序无法处理某些异常，就会输出错误消息。现在我们来看一些异常示例。

打开终端，启动 Python 3 交互式控制台，以下是一些异常示例。

```
student@ubuntu:~$ python3
Python 3.5.2 (default, Nov 23 2017, 16:37:01)
[GCC 5.4.0 20160609] on linux
Type "help", "copyright", "credits" or "license" for more information.
>>>
>>> 50 / 0


Traceback (most recent call last):
File "<stdin>", line 1, in <module>
ZeroDivisionError: division by zero
>>>
>>> 6 + abc*5
Traceback (most recent call last):
  File "<stdin>", line 1, in <module>
NameError: name 'abc' is not defined
>>>
>>> 'abc' + 2
Traceback (most recent call last):
  File "<stdin>", line 1, in <module>
TypeError: Can't convert 'int' object to str implicitly
```

```
>>>
>>> import abcd
Traceback (most recent call last):
  File "<stdin>", line 1, in <module>
ImportError: No module named 'abcd'
>>>
```

下面我们学习如何处理异常。

每当 Python 程序中发生错误时,都会抛出异常。我们也可以使用 `raise` 关键字强制抛出异常。

`try...except` 语句块可以用来处理异常。在 `try` 语句块中,编写可能抛出异常的代码,而在 `except` 语句块中,则为该异常编写一个解决方案。

`try...except` 语句块的语法如下所示。

```
try:
        statement(s)
except:
        statement(s)
```

一个 `try` 语句块可以对应多个 `except` 语句块。我们也可以通过在 `except` 关键字后面输入异常的名称来处理特定的异常。处理特定的异常的语法如下所示。

```
try:
        statement(s)
except exception_name:
        statement(s)
```

现在创建一个脚本,命名为 `exception_example.py`,该脚本将捕获 `ZeroDivisionError` 异常。在脚本中添加如下代码。

```
a = 35
b = 57
try:
        c = a + b
        print("The value of c is: ", c)
        d = b / 0
        print("The value of d is: ", d)
except:
        print("Division by zero is not possible")

print("Out of try...except block")
```

运行该脚本，输出的信息如下所示。

```
student@ubuntu:~$ python3 exception_example.py
The value of c is:  92
Division by zero is not possible
Out of try...except block
```

2.3 调试工具

Python 拥有许多调试工具，如下所示。

- `winpdb`。
- `pydev`。
- `pydb`。
- `pdb`。
- `gdb`。
- `pydebug`。

在本节中，我们将学习如何使用 Python 的 `pdb` 调试器。`pdb` 模块是 Python 标准库的一部分，我们可以直接使用。

2.3.1 pdb 调试器

Python 程序使用 `pdb` 交互式源代码调试器来调试程序。`pdb` 调试器可以设置程序断点并检查栈帧，同时列出源代码。

现在我们将了解如何使用 `pdb` 调试器。以下 3 种方法均可使用此调试器。

- 在解释器中运行。
- 在命令行中运行。
- 在 Python 脚本中使用。

现在创建一个脚本，命名为 `pdb_example.py`，在该脚本中添加以下代码。

```
class Student:
        def __init__(self, std):
                self.count = std
```

```
            def print_std(self):
                    for i in range(self.count):
                            print(i)
                    return
if __name__ == '__main__':
        Student(5).print_std()
```

后面以此脚本为例学习 Python 调试,现在我们来看如何启动调试器。

2.3.2 在解释器中运行

使用 run() 函数或 runeval() 函数从 Python 交互式控制台中启动调试器。

启动 Python 3 交互式控制台,运行以下命令即可。

```
$ python3
```

首先导入 pdb_example 脚本的名称和 pdb 模块。然后输入 run() 函数,并传递一个字符串表达式作为参数,该参数是传给 Python 解释器本身的,由 Python 解释器运行。

```
student@ubuntu:~$ python3
Python 3.5.2 (default, Nov 23 2017, 16:37:01)
[GCC 5.4.0 20160609] on linux
Type "help", "copyright", "credits" or "license" for more information.
>>>
>>> import pdb_example
>>> import pdb
>>> pdb.run('pdb_example.Student(5).print_std()')
> <string>(1)<module>()
(Pdb)
```

如果要继续调试,请在(Pdb)提示符后输入 continue,然后按 Enter 键。如果想知道此处可以输入的选项,那么就在(Pdb)提示符后按两次 Tab 键。

输入 continue 后,就会得到以下输出。

```
student@ubuntu:~$ python3
Python 3.5.2 (default, Nov 23 2017, 16:37:01)
[GCC 5.4.0 20160609] on linux
Type "help", "copyright", "credits" or "license" for more information.
>>>
>>> import pdb_example
>>> import pdb
>>> pdb.run('pdb_example.Student(5).print_std()')
```

```
> <string>(1)<module>()
(Pdb) Continue
0
1
2
3
4
>>>
```

2.3.3　在命令行中运行

启动调试器最简单、最直接的方法是从命令行运行。此时脚本程序将作为调试器的输入。从命令行启动调试器的方法如下所示。

```
$ python3 -m pdb pdb_example.py
```

从命令行启动调试器时，源代码会被加载，然后停止在第一行代码。输入 continue 可以继续调试。输出的信息如下所示。

```
student@ubuntu:~$ python3 -m pdb pdb_example.py
> /home/student/pdb_example.py(1)<module>()
-> class Student:
(Pdb) continue
0
1
2
3
4
The program finished and will be restarted
> /home/student/pdb_example.py(1)<module>()
-> class Student:
(Pdb)
```

2.3.4　在 Python 脚本中使用

前两种方法会在 Python 程序开始时启动调试器，适合较短的脚本程序，但第三种方法比较适合非常长的脚本程序，即在脚本中使用 set_trace() 启动调试器。

现在我们修改 pdb_example.py 脚本，如下所示。

```
import pdb
class Student:
        def __init__(self, std):
                self.count = std
```

```
            def print_std(self):
                    for i in range(self.count):
                            pdb.set_trace()
                            print(i)
                    return

if __name__ == '__main__':
        Student(5).print_std()
```

运行脚本程序，如下所示。

```
student@ubuntu:~$ python3 pdb_example.py
> /home/student/pdb_example.py(10)print_std()
-> print(i)
(Pdb) continue
0
> /home/student/pdb_example.py(9)print_std()
-> pdb.set_trace()
(Pdb)
```

set_trace()是一个 Python 函数，我们可以在程序中的任何位置调用它。

这就是使用调试器的 3 种方法。

2.4 调试基本程序崩溃的方法

本节我们将学习跟踪模块，跟踪模块可以跟踪程序的执行。每当 Python 程序崩溃时，我们可以查看崩溃的位置，并通过将其导入脚本，或从命令行启动来使用跟踪模块。

现在我们创建一个脚本，命名为 trace_example.py，并添加以下代码。

```
class Student:
        def __init__(self, std):
                self.count = std

        def go(self):
                for i in range(self.count):
                        print(i)
                return
if __name__ == '__main__':
        Student(5).go()
```

运行脚本程序，如下所示。

```
student@ubuntu:~$ python3 -m trace --trace trace_example.py
 --- modulename: trace_example, funcname: <module>
trace_example.py(1): class Student:
 --- modulename: trace_example, funcname: Student
trace_example.py(1): class Student:
trace_example.py(2):     def __init__(self, std):
trace_example.py(5):     def go(self):
trace_example.py(10): if __name__ == '__main__':
trace_example.py(11):             Student(5).go()
 --- modulename: trace_example, funcname: init
trace_example.py(3):             self.count = std
 --- modulename: trace_example, funcname: go
trace_example.py(6):             for i in range(self.count):
trace_example.py(7):                 print(i)
0
trace_example.py(6):             for i in range(self.count):
trace_example.py(7):                 print(i)
1
trace_example.py(6):             for i in range(self.count):
trace_example.py(7):                 print(i)
2
trace_example.py(6):             for i in range(self.count):
trace_example.py(7):                 print(i)
3
trace_example.py(6):             for i in range(self.count):
trace_example.py(7):                 print(i)
4
```

因此，通过在命令行中使用 `trace --trace`，我们就可以逐行跟踪程序。当程序崩溃时，我们就会了解崩溃时的信息。

2.5 分析程序并计时

分析程序意味着测量程序的运行时间，具体来说就是测量每个函数所花费的时间。Python 的 `cProfile` 模块可以用来分析程序。

2.5.1 cProfile 模块

如前所述，分析程序意味着测量程序的运行时间。现在我们使用 Python 的 `cProfile` 模块来分析程序。

我们创建一个脚本，命名为 cprof_example.py，并在脚本中添加以下代码。

```
mul_value = 0
def mul_numbers( num1, num2 ):
        mul_value = num1 * num2
        print ("Local Value: ", mul_value)
        return mul_value
mul_numbers( 58, 77 )
print ("Global Value: ", mul_value)
```

运行脚本程序，如下所示。

```
student@ubuntu:~$ python3 -m cProfile cprof_example.py
Local Value:   4466
Global Value:   0
        6 function calls in 0.000 seconds
  Ordered by: standard name

  ncalls  tottime  percall  cumtime  percall filename:lineno(function)
       1    0.000    0.000    0.000    0.000 cprof_example.py:1(<module>)
       1    0.000    0.000    0.000    0.000 cprof_example.py:2(mul_numbers)
       1    0.000    0.000    0.000    0.000 {built-in method builtins.exec}
       2    0.000    0.000    0.000    0.000 {built-in method builtins.print}
       1    0.000    0.000    0.000    0.000 {method 'disable' of '_lsprof.Profiler' objects}
```

如上，使用 cProfile 横线可以输出所有被调用函数所花费的时间。现在我们来看输出表格中列标题的含义。

- ncalls：调用次数。
- tottime：该函数花费的总时间。
- percall：该函数单次调用花费的平均时间，即 tottime 除以 ncalls。
- cumtime：该函数和所有子函数花费的累计时间。
- percall：该函数单次调用包括其子函数花费的平均时间，即 cumtime 除以 ncalls。
- filename:lineno(function)：每个函数调用的相关信息。

2.5.2 timeit 模块

timeit 也是一个 Python 模块，它可以为其中一部分 Python 脚本计时。我们可以

从命令行调用 `timeit` 模块，也可以将 `timeit` 模块导入到脚本中。现在我们编写一个脚本来为一段代码计时。创建一个脚本，命名为 `timeit_example.py`，并添加以下代码。

```
import timeit
prg_setup = "from math import sqrt"
prg_code = '''
def timeit_example():
            list1 = []
            for x in range(50):
                        list1.append(sqrt(x))
'''
# 时间声明
print(timeit.timeit(setup = prg_setup, stmt = prg_code, number = 10000))
```

我们可以使用 `timeit` 模块去测量特定代码的性能，也可以使用该模块轻松编写测试代码，并应用到需要单独测试的代码段上。被测试的代码默认运行 100 万次，而测试代码只运行 1 次。

2.6 使程序运行得更快

有多种方法可以使 Python 程序运行得更快，以下是一些常用方法。

- 分析代码，并找出其瓶颈。
- 尽量使用内置函数和库，减少循环的使用，以降低解释器的开销。
- 尽量避免使用全局变量，因为 Python 访问全局变量非常慢。
- 尽量使用已有的程序包和模块。

2.7 总结

在本章中，我们了解了调试程序和分析程序的重要性，也学习了各种调试程序的技术，包括使用 `pdb` 调试器处理 Python 的异常。在分析程序并实现计时功能时，学习了如何使用 Python 的 `cProfile` 和 `timeit` 模块。最后还学习了如何使程序运行得更快。

在第 3 章中，我们将学习 Python 的单元测试，即如何创建和使用单元测试。

2.8 问题

1. 通常使用哪个模块调试 Python 程序？

2. 学习如何使用 ipython 的所有别名和魔术函数。

3. 什么是全局解释器锁（GIL）？

4. 环境变量 PYTHONSTARTUP、PYTHONCASEOK 和 PYTHONHOME 的用途是什么？

5. 以下代码的输出是什么？

    ```
    def foo(k):
        k = [1]
    q = [0]
    foo(q)
    print(q)
    ```

    a) [0]

    b) [1]

    c) [1,0]

    d) [0,1]

6. 以下哪项是无效的变量名？

    a) my_string_1

    b) 1st_string

    c) foo

    d) _

第 3 章 单元测试框架简介

软件项目的测试是软件开发的重要组成部分。在本章中,我们将学习 Python 中的单元测试。Python 有一个名为 unittest 的模块,这是一个单元测试框架。在学习单元测试之前,先学习 unittest 单元测试框架。

本章将介绍以下主题。

- 单元测试框架的简介。
- 创建单元测试任务。

3.1 什么是 unittest

unittest 是 Python 中的单元测试框架。它支持多种任务,如测试夹具(test fixture)、编写测试用例(test case)、将测试用例聚合到测试套件中,以及运行测试等。

与 unittest 相关的有以下 4 个主要概念。

- 测试夹具:用于执行一个或多个测试用例的准备和清理工具。
- 测试用例:单独的测试用例。使用 unittest 的 TestCase 基类,可以创建新的测试用例。
- 测试套件:包括一组测试用例或测试套件,或两者都有。用于一次执行多个测试用例。
- 测试运行器:执行测试用例,并向用户输出信息。

我们在 Python 脚本中导入 unittest 模块,该模块包含用来创建测试用例的 TestCase 基类。

我们可以用方法来实现各个测试用例,这些方法的名称以"test"一词开头。这样测试运行器就会知道哪些方法用于实现测试用例。

3.2 创建单元测试

本节我们将创建单元测试。首先创建两个脚本,一个代表普通的脚本程序,而另一个包含测试代码。

创建一个名为 arithmetic.py 的脚本,在其中添加以下代码。

```
# 在此脚本中,我们将创建4个函数: add_numbers、
sub_numbers、mul_numbers、div_numbers
def add_numbers(x, y):
    return x + y

def sub_numbers(x, y):
    return x - y

def mul_numbers(x, y):
    return x * y

def div_numbers(x, y):
    return (x / y)
```

上面的脚本包含 4 个函数:add_numbers、sub_numbers、mul_numbers 和 div_numbers。接下来以 add_numbers 函数为例编写测试用例。创建一个名为 test_addition.py 脚本,并在其中添加以下代码。

```
import arithmetic
import unittest

# 测试 add_numbers 函数
class Test_addition(unittest.TestCase):
    # 测试整数
    def test_add_numbers_int(self):
        sum = arithmetic.add_numbers(50, 50)
        self.assertEqual(sum, 100)
    # 测试浮点数
    def test_add_numbers_float(self):
        sum = arithmetic.add_numbers(50.55, 78)
        self.assertEqual(sum, 128.55)
    # 测试字符串
    def test_add_numbers_strings(self):
```

```
            sum = arithmetic.add_numbers('hello','python')
            self.assertEqual(sum, 'hellopython')

if __name__ == '__main__':
    unittest.main()
```

上面的脚本为 `add_numbers` 函数编写了 3 个测试用例。第一个用于测试整数,第二个用于测试浮点数,第三个用于测试字符串。在字符串中,相加代表连接两个字符串。同理可以编写减法、乘法和除法的测试用例。

现在运行 `test_addition.py` 测试脚本,查看运行此脚本后得到的结果。

按如下所示运行脚本,就会获得以下输出。

```
student@ubuntu:~$ python3 test_addition.py
...
----------------------------------------------------------------------
Ran 3 tests in 0.000s

OK
```

这里显示了 OK,代表测试成功。

如表 3-1 所示,运行任何测试脚本时,都有 3 种可能的测试结果。

表 3-1　测试结果

结果	描述
OK	测试成功
FAILED	测试失败——抛出 `AssertionError` 异常
ERROR	抛出 `AssertionError` 以外的异常

3.3　单元测试中的常用方法

使用 `unittest` 模块时,我们可以在脚本使用一些常用方法,这些方法如下所示。

- `assertEqual()` 和 `assertNotEqual()`:检查是否达到预期结果。
- `assertTrue()` 和 `assertFalse()`:检查一个表达式的布尔值。
- `assertRaises()`:检查是否触发了特定异常。
- `setUp()` 和 `tearDown()`:定义之前和之后执行的指令。

我们也可以在命令行中使用 unittest 模块。按如下方法运行上一个测试脚本。

```
student@ubuntu:~$ python3 -m unittest test_addition.py
...
----------------------------------------------------------------------
Ran 3 tests in 0.000s

OK
```

现在我们来看另一种情况。创建两个脚本：if_example.py 和 test_if.py。if_example.py 代表普通脚本程序，test_if.py 包含测试用例。此测试检查输入的数字是否等于 100，如果等于 100 则测试成功，否则将显示测试失败的结果。

首先，我们创建一个 if_example.py 脚本，并在其中添加以下代码。

```python
def check_if():
    a = int(input("Enter a number \n"))
    if (a == 100):
        print("a is equal to 100")
    else:
        print("a is not equal to 100")
    return a
```

然后创建一个 test_if.py 测试脚本，并在其中添加以下代码。

```python
import if_example
import unittest

class Test_if(unittest.TestCase):
    def test_if(self):
        result = if_example.check_if()
        self.assertEqual(result, 100)


if __name__ == '__main__':
    unittest.main()
```

运行测试脚本，如下所示。

```
student@ubuntu:~/Desktop$ python3 -m unittest test_if.py
Enter a number
100
a is equal to 100
.
----------------------------------------------------------------------
Ran 1 test in 1.912s

OK
```

运行脚本后，得到的结果显示测试成功。现在输入一些不等于 100 的值，这样将得到测试失败的结果。运行脚本，如下所示。

```
student@ubuntu:~/Desktop$ python3 -m unittest test_if.py
Enter a number
50
a is not equal to 100
F
======================================================================
FAIL: test_if (test_if.Test_if)
----------------------------------------------------------------------
Traceback (most recent call last):
  File "/home/student/Desktop/test_if.py", line 7, in test_if
    self.assertEqual(result, 100)
AssertionError: 50 != 100

----------------------------------------------------------------------
Ran 1 test in 1.521s

FAILED (failures=1)
```

3.4 总结

在本章中，我们学习了 Python 的单元测试框架 unittest。其次还学习了如何创建单元测试用例和单元测试中的常用方法。

在第 4 章中，我们将学习如何让系统管理员的常规管理活动自动化。这将涉及如何接收输入、处理密码、执行外部命令、读取配置文件、向脚本添加警告代码、设置 CPU 限制、Web 浏览器启动、使用 os 模块以及进行备份等。

3.5 问题

1. 什么是单元测试、自动测试和手动测试？
2. 除 unittest 模块以外，还有哪些类似模块？
3. 编写测试用例有什么用？
4. 什么是 PEP8 标准？

第 4 章 自动化常规管理活动

系统管理员通常要执行各种管理活动。这些活动可能包括文件处理、日志记录、管理 CPU 和内存、密码处理，以及非常重要的备份。这些活动往往需要自动化。本章我们将学习如何使用 Python 自动执行这些活动。

本章将介绍以下主题。

- 通过重定向（redirection）、管道（pipe）和文件 3 种方式接收输入。
- 在运行时处理密码。
- 执行外部命令并获取其输出。
- 在运行时提示输入密码，并验证密码。
- 读取配置文件。
- 向脚本添加日志记录和警告代码。
- 限制 CPU 和内存的使用量。
- 启动 Web 浏览器。
- 使用 os 模块处理目录和文件。
- 进行备份（使用 rsync）。

4.1 通过重定向（redirection）、管道（pipe）和文件 3 种方式接收输入

本节我们将学习如何通过重定向、管道和外部文件接收输入。

4.1 通过重定向（redirection）、管道（pipe）和文件 3 种方式接收输入

我们可以通过重定向接收输入。管道是另一种形式的重定向，它表示让一个程序的输出作为另一个程序的输入。除此以外，还可以在 Python 中接收外部文件的输入。

4.1.1 通过重定向接收输入

`stdin` 和 `stdout` 是 `os` 模块创建的对象。现在我们编写一个脚本，在其中使用 `stdin` 和 `stdout`。

创建一个名为 `redirection.py` 的脚本，并在其中添加以下代码。

```python
import sys

class Redirection(object):
    def __init__(self, in_obj, out_obj):
        self.input = in_obj
        self.output = out_obj
    def read_line(self):
        res = self.input.readline()
        self.output.write(res)
        return res

if __name__ == '__main__':
    if not sys.stdin.isatty():
        sys.stdin = Redirection(in_obj=sys.stdin, out_obj=sys.stdout)
    a = input('Enter a string: ')
    b = input('Enter another string: ')
    print ('Entered strings are: ', repr(a), 'and', repr(b))
```

运行以上程序，如下所示。

```
$ python3 redirection.py
```

得到以下输出。

```
Enter a string: hello
Enter another string: python
Entered strings are:  'hello' and 'python'
```

当程序在交互式控制台运行时，`stdin` 是键盘输入，`stdout` 是用户终端。`input()` 函数用于获取用户输入，而 `print()` 函数则用于在终端上输出。

4.1.2 通过管道接收输入

管道是重定向的另一种形式。该技术可以让消息从一个程序传递到另一个程序。| 符

号表示管道。在使用管道时,可以同时输入两个以上的命令,一个命令的输出充当下一个命令的输入。

现在我们来看如何使用管道接收输入。首先编写一个执行地板(floor)除法运算的简单脚本。创建一个名为 `accept_by_pipe.py` 的脚本,并在其中添加以下代码。

```python
import sys

for n in sys.stdin:
    print ( int(n.strip())//2 )
```

运行脚本,如下所示。

```
$ echo 15 | python3 accept_by_pipe.py
```

输出如下。

```
7
```

在上面的脚本中,`stdin` 代表键盘输入。脚本程序对运行时输入的数字执行地板除法运算,仅返回商的整数部分。运行程序时,首先输入 15,并在其后添加管道符号|,然后是脚本程序的文件名。所以,15 作为脚本程序的输入,执行了地板除法运算,得到的输出为 7。

我们也可以将多个输入传递给脚本程序。在下面的运行实例中,就传递了多个值,分别为 15、45 和 20。因为脚本中已经编写了一个 `for` 循环语句,所以能够处理多个输入值。脚本首先将接收输入值 15,然后是 45,最后是 20。计算完成后,每行对应一个输出结果,因为输入值之间包含换行符\n。为了让 `echo` 命令解释换行符,可以添加 `-e` 标志。

```
$ echo -e '15\n45\n20' | python3 accept_by_pipe.py
```

输出如下。

```
7
22
10
```

运行程序之后,15、45 和 20 对应的结果分别为 7、22 和 10。

4.1.3 通过文件接收输入

本节我们将学习如何从文件中接收输入。在 Python 中通过文件接收输入信息是很容易的。我们直接来看一个例子。首先，创建一个简单的文本文件，名为 `sample.txt`，在其中添加以下代码。

```
Sample.txt:

    Hello World
    Hello Python
```

接着创建一个名为 `accept_by_input_file.py` 的脚本，并在其中添加以下代码。

```
i = open('sample.txt','r')
o = open('sample_output.txt','w')

a = i.read()
o.write(a)
```

运行该程序，如下所示。

```
$ python3 accept_by_input_file.py
$ cat sample_output.txt
Hello World
Hello Python
```

4.2 在运行时处理密码

本节我们将学习一个在脚本中处理密码的示例程序。创建一个名为 `handling_password.py` 的脚本，并在其中添加以下代码。

```
import sys
import paramiko
import time

ip_address = "192.168.2.106"
username = "student"
password = "training"
ssh_client = paramiko.SSHClient()
ssh_client.set_missing_host_key_policy(paramiko.AutoAddPolicy())
ssh_client.load_system_host_keys()
ssh_client.connect(hostname=ip_address,\
                                    username=username, password=password)
print ("Successful connection", ip_address)
ssh_client.invoke_shell()
remote_connection = ssh_client.exec_command('cd Desktop; mkdir work\n')
```

```
remote_connection = ssh_client.exec_command('mkdir test_folder\n')
#print( remote_connection.read() )
ssh_client.close
```

运行以上脚本，如下所示。

```
$ python3 handling_password.py
```

输出如下。

```
Successful connection 192.168.2.106
```

以上脚本使用了 paramiko 模块。paramiko 模块是 SSH 的 Python 实现，提供客户端—服务器功能。

使用如下命令安装 paramiko。

```
pip3 install paramiko
```

在脚本中，程序远程连接到主机 192.168.2.106，同时脚本也提供了主机的用户名和密码。

运行此脚本后，在 192.168.2.106 桌面上可以找到一个名为 work 的文件夹，在 192.168.2.106 的 /home 目录中可以找到 test_folder。

4.3 执行外部命令并获取其输出

在本节中，我们将学习 Python 的 subprocess 模块。使用 subprocess 模块可以轻松生成新进程并获取其返回代码，也可以执行外部命令以及启动新程序。

现在我们学习如何使用 subprocess 模块执行外部命令，并在 Python 中获取其输出。创建一个名为 execute_external_commands.py 的脚本，并在其中添加以下代码。

```
import subprocess
subprocess.call(["touch", "sample.txt"])
subprocess.call(["ls"])
print("Sample file created")
subprocess.call(["rm", "sample.txt"])
subprocess.call(["ls"])
print("Sample file deleted")
```

运行脚本程序，如下所示。

```
$ python3 execute_external_commands.py
```

输出如下。

```
1.py        accept_by_pipe.py         sample_output.txt    sample.txt
accept_by_input_file.py         execute_external_commands.py
output.txt              sample.py
Sample.txt file created
1.py        accept_by_input_file.py        accept_by_pipe.py
execute_external_commands.py   output.txt          sample_output.txt
sample.py
Sample.txt file deleted
```

4.4 使用 subprocess 模块捕获输出

本节我们将学习如何使用 PIPE 作为 stdout 参数来捕获输出。创建一个名为 capture_output.py 的脚本,并在其中添加以下代码。

```python
import subprocess
res = subprocess.run(['ls', '-1'], stdout=subprocess.PIPE,)
print('returncode:', res.returncode)
print(' {} bytes in stdout:\n{}'.format(len(res.stdout),
res.stdout.decode('utf-8')))
```

运行脚本,如下所示。

```
student@ubuntu:~$ python3 capture_output.py
```

输出如下。

```
returncode: 0
191 bytes in stdout:
1.py
accept_by_input_file.py
accept_by_pipe.py
execute_external_commands.py
getpass_example.py
ouput.txt
output.txt
password_prompt_again.py
sample_output.txt
sample.py
capture_output.py
```

脚本首先导入了 Python 的 subprocess 模块,它用于捕获输出。subprocess 模块可以创建新进程，还可以连接输入/输出管道并获取返回码。subprocess.run()可以运行终端命令，包括命令行参数。返回码表示该子进程的退出状态。如果返回为 0，则表示它已成功运行。

4.5 在运行时提示输入密码，并验证密码

本节我们将学习使用 getpass 模块处理密码。Python 中的 getpass() 函数用于提示用户输入密码。当程序通过终端与用户交互时，getpass 模块可以用于处理密码提示。

现在我们来看一些使用 getpass 模块的示例程序。

1. 创建一个名为 no_prompt.py 的脚本，并在其中添加以下代码。

```python
import getpass
try:
        p = getpass.getpass()
except Exception as error:
        print('ERROR', error)
else:
        print('Password entered:', p)
```

因为此脚本不给用户任何提示，所以将使用默认提示，即 Password。

运行脚本，如下所示。

```
$ python3 no_prompt.py
```

输出如下。

```
Password:
Password entered: abcd
```

2. 现在为输入密码显示提示。创建一个名为 with_prompt.py 的脚本，并在其中添加以下代码。

```python
import getpass
try:
        p = getpass.getpass("Enter your password: ")
except Exception as error:
        print('ERROR', error)
else:
        print('Password entered:', p)
```

这个脚本包含密码提示。运行脚本程序，如下所示。

```
$ python3 with_prompt.py
```

输出如下。

```
Enter your password:
Password entered: abcd
```

这里为用户显示了密码提示。

现在编写一个脚本,如果密码输入错误,它就会输出一个简单的消息,但它还不会提示再次输入密码。

3. 创建一个名为 getpass_example.py 的脚本,并在其中添加以下代码。

```
import getpass
passwd = getpass.getpass(prompt='Enter your password: ')
if passwd.lower() == '#pythonworld':
            print('Welcome!!')
else:
            print('The password entered is incorrect!!')
```

现在输入一个错误密码,运行脚本,如下所示。

```
$ python3 getpass_example.py
```

输出如下。

```
Enter your password:
Welcome!!
```

现在,我们将输入一个错误的密码,并检查收到的消息。

```
$ python3 getpass_example.py
```

输出如下。

```
Enter your password:
The password entered is incorrect!!
```

上面的脚本在输错密码的情况下,不会要求再次输入密码。

现在编写一个脚本,当输入错误的密码时,它将要求再次输入密码。另外,可以使用 getuser() 函数获取用户的登录名,getuser() 函数将返回用户的登录名。创建一名为 password_prompt_again.py 的脚本,并在其中添加以下代码。

```
import getpass
user_name = getpass.getuser()
print ("User Name : %s" % user_name)
while True:
```

```python
            passwd = getpass.getpass("Enter your Password : ")
            if passwd == '#pythonworld':
                    print ("Welcome!!!")
                    break
            else:
                    print ("The password you entered is incorrect.")
```

运行脚本程序,如下所示。

```
student@ubuntu:~$ python3 password_prompt_again.py
User Name : student
Enter your Password :
The password you entered is incorrect.
Enter your Password :
Welcome!!!
```

4.6 读取配置文件

本节我们将学习 Python 的 ConfigParser 模块,该模块可以用于管理应用程序的可编辑配置文件。

用户或系统管理员通常可以通过文本编辑器编辑这些配置文件,以设置应用程序的默认值,然后应用程序将读取并解析这些文件,并根据其中的内容执行对应操作。

ConfigParser 模块具有 read() 方法,用于读取配置文件。接下来我们将编写一个名为 read_config_file.py 的简单脚本。首先创建一个名为 read_simple.ini 的文件,并在其中写入以下内容。

```
[bug_tracker]
url = https://baidu.com
```

创建新脚本,命名为 read_config_file.py,并添加以下代码。

```python
from configparser import ConfigParser
p = ConfigParser()
p.read('read_simple.ini')
print(p.get('bug_tracker', 'url'))
```

运行脚本 read_config_file.py。

```
$ python3 read_config_file.py
```

输出如下。

```
https://baidu.com
```

read()方法可以用于接收多个文件。它会检测每个文件，只要该文件存在，就会打开该文件并读取内容。接下来编写一个可以读取多个文件的脚本。创建一个名为 read_many_config_file.py 的脚本，并在其中添加以下代码。

```python
from configparser import ConfigParser
import glob

p = ConfigParser()
files = ['hello.ini', 'bye.ini', 'read_simple.ini', 'welcome.ini']
files_found = p.read(files)
files_missing = set(files) - set(files_found)
print('Files found:   ', sorted(files_found))
print('Files missing: ', sorted(files_missing))
```

运行以上脚本程序。

```
$ python3 read_many_config_file.py
```

输出如下。

```
Files found:    ['read_simple.ini']
Files missing:  ['bye.ini', 'hello.ini', 'welcome.ini']
```

上面的示例程序使用了 Python 的 ConfigParser 模块，它用于管理配置文件。首先，我们创建了一个名为 files 的列表，接下来使用了 read() 函数读取配置文件。在示例程序中，还创建了一个变量 files_found，使用它存储了目录中确实存在的配置文件的名称。之后创建了另一个名为 files_missing 的变量，使用它返回了目录中不存在的配置文件的名称。最后程序会分别输出存在和不存在的文件名。

4.7 向脚本添加日志记录和警告代码

本节我们将学习 Python 的 logging 和 warnings 模块。logging 模块用于跟踪程序中发生的事件，warnings 模块则用于警告程序员关于语言和程序库中所做的更改。

接下来让我们来看一个简单的日志记录的示例程序。创建一个名为 logging_example.py 的脚本，并在其中添加以下代码。

```python
import logging
LOG_FILENAME = 'log.txt'
logging.basicConfig(filename=LOG_FILENAME, level=logging.DEBUG,)
logging.debug('This message should go to the log file')
```

```python
with open(LOG_FILENAME, 'rt') as f:
        prg = f.read()
print('FILE:')
print(prg)
```

运行脚本程序,如下所示。

```
$ python3 logging_example.py
```

输出如下。

```
FILE:
DEBUG:root:This message should go to the log file
```

检查 log.txt,我们可以看到以下内容。

```
$ cat log.txt

DEBUG:root:This message should go to the log file
```

然后创建一个脚本,命名为 logging_warnings_codes.py,并添加以下代码。

```python
import logging
import warnings
logging.basicConfig(level=logging.INFO,)
warnings.warn('This warning is not sent to the logs')
logging.captureWarnings(True)
warnings.warn('This warning is sent to the logs')
```

运行脚本程序,如下所示。

```
$ python3 logging_warnings_codes.py
```

输出如下。

```
logging_warnings_codes.py:6: UserWarning: This warning is not sent to the
logs
    warnings.warn('This warning is not sent to the logs')
WARNING:py.warnings:logging_warnings_codes.py:10:UserWarning:This warning is sent
to the logs
    warnings.warn('This warning is sent to the logs')
```

生成警告

warn()用于生成警告。接下来让我们看一个生成警告的简单示例程序。创建一个名为 generate_warnings.py 的脚本,并在其中添加以下代码。

```python
import warnings
warnings.simplefilter('error', UserWarning)
print('Before')
warnings.warn('Write your warning message here')
print('After')
```

运行脚本程序，如下所示。

```
$ python3 generate_warnings.py
```

输出如下。

```
Before:
Traceback (most recent call last):
  File "generate_warnings.py", line 6, in <module>
    warnings.warn('Write your warning message here')
UserWarning: Write your warning message here
```

在上面的脚本中，warn()传递了一条警告消息。程序中还使用了一个简单的过滤器，它可以将警告视为错误，以提示我们根据情况解决。

4.8 限制 CPU 和内存的使用量

本节我们将学习如何限制 CPU 和内存的使用量。首先编写一个脚本来限制 CPU 使用率。创建一个名为 put_cpu_limit.py 的脚本，并在其中添加以下代码。

```python
import resource
import sys
import signal
import time
def time_expired(n, stack):
        print('EXPIRED :', time.ctime())
        raise SystemExit('(time ran out)')
signal.signal(signal.SIGXCPU, time_expired)
# 调整 CPU 时间限制
soft, hard = resource.getrlimit(resource.RLIMIT_CPU)
print('Soft limit starts as  :', soft)
resource.setrlimit(resource.RLIMIT_CPU, (10, hard))
soft, hard = resource.getrlimit(resource.RLIMIT_CPU)
print('Soft limit changed to :', soft)
print()
# 在无意义的练习中消耗一些 CPU 时间
print('Starting:', time.ctime())
```

```
for i in range(200000):
        for i in range(200000):
                v=i* i
# 不应该走到这一步
print('Exiting :', time.ctime())
```

运行以上脚本程序，如下所示。

```
$ python3 put_cpu_limit.py
```

输出如下。

```
Soft limit starts as   : -1
Soft limit changed to  : 10
Starting: Thu Sep  6 16:13:20 2018
EXPIRED : Thu Sep  6 16:13:31 2018
(time ran out)
```

上面的脚本程序使用了 `setrlimit()` 来限制 CPU 使用率。从脚本中的参数可以看出，它将 CPU 限制设置为 10s。

4.9 启动网页浏览器

在本节中，我们将学习 Python 的 `webbrowser` 模块。该模块可以用于启动网页浏览器，并打开 URL。接下来让我们看一个简单的示例程序。创建一个名为 `open_web.py` 的脚本，并在其中添加以下代码。

```
import webbrowser
webbrowser.open('https://baidu.com')
```

运行脚本程序，如下所示。

```
$ python3 open_web.py
```

输出如下。

```
Url mentioned in open() will be opened in your browser.
webbrowser - Command line interface
```

我们还可以通过命令行使用 Python 的 `webbrowser` 模块，命令行模式也支持所有功能。要通过命令行使用 `webbrowser` 模块，运行以下命令即可。

```
$ python3 -m webbrowser -n https://www.google.com/
```

这将启动浏览器，并在窗口中打开 https://www.google.com/。还可以使用以下两个选项。

- -n：打开新窗口。
- -t：打开新标签页。

4.10 使用 os 模块处理目录和文件

本节我们将学习 Python 的 os 模块。Python 的 os 模块用于实现操作系统相关的任务。如果要执行操作系统相关的活动，就需要导入 os 模块。

接下来我们学习一些与处理文件和目录相关的示例程序。

4.10.1 创建目录与删除目录

在本节中，我们将创建一个脚本程序，并学习使用相关函数来处理文件系统上的目录，这些处理包括创建、列出和删除目录或文件。创建一个名为 os_dir_example.py 的脚本，并在其中添加以下代码。

```
import os
directory_name = 'abcd'
print('Creating', directory_name)
os.makedirs(directory_name)
file_name = os.path.join(directory_name, 'sample_example.txt')
print('Creating', file_name)
with open(file_name, 'wt') as f:
        f.write('sample example file')
print('Cleaning up')
os.unlink(file_name)
os.rmdir(directory_name)          # 将删除目录
```

运行脚本程序，如下所示。

```
$ python3 os_dir_example.py
```

输出如下。

```
Creating abcd
Creating abcd/sample_example.txt
Cleaning up
```

使用 mkdir() 创建目录时，其父目录必须已存在。如果使用 makedirs() 创建目录，则它会创建所有目录，包括不存在的父目录。unlink() 用于删除文件，rmdir() 用于删除目录。

4.10.2 检测文件系统的内容

本节我们将使用 listdir() 函数列出指定目录中的所有内容。首先创建一个名为 list_dir.py 的脚本，并在其中添加以下代码。

```
import os
import sys
print(sorted(os.listdir(sys.argv[1])))
```

运行脚本程序，得到以下输出。

```
$ python3 list_dir.py /home/student/

['.ICEauthority', '.bash_history', '.bash_logout', '.bashrc', '.cache',
'.config', '.gnupg', '.local', '.mozilla', '.pam_environment', '.profile',
'.python_history', '.ssh', '.sudo_as_admin_successful', '.viminfo', '1.sh',
'1.sh.x', '1.sh.x.c', 'Desktop', 'Documents', 'Downloads', 'Music',
'Pictures', 'Public', 'Templates', 'Videos', 'examples.desktop',
'execute_external_commands.py', 'log.txt', 'numbers.txt',
'python_learning', 'work']
```

如上，利用 listdir() 函数可以列出指定目录中的所有内容。

4.11 进行备份（使用 rsync）

备份是系统管理员必须完成的重要工作。本节我们将学习如何使用 rsync 进行备份。rsync 命令用于在本地或远程复制文件和目录，rsync 也可用于数据备份。现在我们创建一个名为 take_backup.py 的脚本，并在其中添加以下代码。

```
import os
import shutil
import time
from sh import rsync
def check_dir(os_dir):
        if not os.path.exists(os_dir):
                print(os_dir, "does not exist.")
                exit(1)
```

4.11 进行备份（使用 rsync）

```python
def ask_for_confirm():
    ans = input("Do you want to Continue? yes/no\n")
    global con_exit
    if ans == 'yes':
        con_exit = 0
        return con_exit
    elif ans == "no":
        con_exit = 1
        return con_exit
    else:
        print("Answer with yes or no.")
        ask_for_confirm()
def delete_files(ending):
    for r, d, f in os.walk(backup_dir):
        for files in f:
            if files.endswith("." + ending):
                os.remove(os.path.join(r,files))

backup_dir = input("Enter directory to backup\n")   # 输入目录名称
check_dir(backup_dir)
print(backup_dir, "saved.")
time.sleep(3)
backup_to_dir= input("Where to backup?\n")
check_dir(backup_to_dir)
print("Doing the backup now!")
ask_for_confirm()
if con_exit == 1:
    print("Aborting the backup process!")
    exit(1)
rsync("-auhv", "--delete", "--exclude=lost+found", "--exclude=/sys", "--exclude=/tmp", "--exclude=/proc", "--exclude=/mnt", "--exclude=/dev", "--exclude=/backup", backup_dir, backup_to_dir)
```

运行脚本程序，如下所示。

```
student@ubuntu:~/work$ python3 take_backup.py
```

输出如下：

```
Enter directory to backup
/home/student/work
/home/student/work saved.
Where to backup?
/home/student/Desktop
Doing the backup now!
Do you want to Continue? yes/no
yes
```

现在，检查 Desktop/directory 目录，我们将在该目录中看到 work 文件夹。rsync 命令也可以结合一些选项使用，如下所示。

- -a：存档。
- -u：更新。
- -h：显示帮助信息。
- -v：详细情况。
- --delete：从接收方删除无关文件。
- --exclude：排除规则。

4.12 总结

在本章中，我们学习了如何将常规管理任务自动化，还学习了如何通过各种方法接收输入、在运行时提示输入密码、执行外部命令、读取配置文件、在脚本中添加警告、通过脚本以及命令行使用 webbrowser 模块、使用 os 模块处理文件和目录，并进行备份。

在第 5 章中，我们将了解有关 os 模块和如何处理数据的更多内容。另外还将学习如何使用 tarfile 模块。

4.13 问题

1. 如何使用 readline 模块？
2. 用于读取、创建、删除文件及列出当前目录中所有文件的 Linux 命令分别是什么？
3. 在 Python 中运行 Linux/Windows 命令可以使用哪些程序包？
4. 如何在配置文件中读取或设置新值？
5. 列出可用于查询 CPU 使用情况的库？
6. 列出可用于接收用户输入的不同方法？
7. 排序和排序有什么区别？

第 5 章
处理文件、目录和数据

系统管理员需要处理各种任务，例如处理各种文件、目录和数据。本章我们将学习 os 模块。os 模块用于在程序中实现与操作系统的交互。Python 程序员可以轻松使用 os 模块来处理文件和目录。os 模块为程序员处理文件、路径、目录和数据提供了许多工具。

本章将介绍以下主题。

- 使用 os 模块处理目录。
- 复制、移动、重命名和删除文件。
- 使用路径。
- 比较数据。
- 合并数据。
- 用模式匹配文件和目录。
- 元数据：数据的数据。
- 压缩和解压。
- 使用 tarfile 模块创建 TAR 文件。
- 使用 tarfile 模块查看 TAR 文件的内容。

5.1 使用 os 模块处理目录

目录或文件夹是指一组子目录和文件的集合。os 模块提供各种函数，允许开发者与操作系统进行交互。在本节中,我们将了解一些用于处理目录的函数。

5.1.1 获取工作目录

要使用目录,首先要获取当前工作目录。os 模块有 getcwd() 函数,使用它可以获取当前工作目录。启动 Python 3 控制台并输入以下命令获取当前工作目录。

```
$ python3
Python 3.6.5 (default, Apr  1 2018, 05:46:30)
[GCC 7.3.0] on linux
Type "help", "copyright", "credits" or "license" for more information.
>>> import os
>>> os.getcwd()
'/home/student'
>>>
```

5.1.2 更改目录

我们也可以用 os 模块更改当前工作目录。os 模块包含 chdir() 函数,使用它可以更改当前工作目录,用法如下所示。

```
>>> os.chdir('/home/student/work')
>>> print(os.getcwd())
/home/student/work
>>>
```

5.1.3 列出文件和目录

在 Python 中我们可以很容易地列出目录内容。使用 os 模块中的 listdir() 函数,就可以返回工作目录中的所有文件和子目录。

```
>>> os.listdir()
['Public', 'python_learning', '.ICEauthority', '.python_history', 'work',
'.bashrc', 'Pictures', '.gnupg', '.cache', '.bash_logout',
'.sudo_as_admin_successful', '.bash_history', '.config', '.viminfo',
'Desktop', 'Documents', 'examples.desktop', 'Videos', '.ssh', 'Templates',
'.profile', 'dir', '.pam_environment', 'Downloads', '.local', '.dbus',
'Music', '.mozilla']
>>>
```

5.1.4 重命名目录

os 模块还有一个 rename() 函数,可以用于重命名目录,用法如下所示。

```
>>> os.rename('work', 'work1')
>>> os.listdir()
['Public', 'work1', 'python_learning', '.ICEauthority', '.python_history',
'.bashrc', 'Pictures', '.gnupg', '.cache', '.bash_logout',
'.sudo_as_admin_successful', '.bash_history', '.config', '.viminfo',
'Desktop', 'Documents', 'examples.desktop', 'Videos', '.ssh', 'Templates',
'.profile', 'dir', '.pam_environment', 'Downloads', '.local', '.dbus',
'Music', '.mozilla']
>>
```

5.2 复制、移动、重命名和删除文件

系统管理员经常需要对文件执行 4 个基本操作，即复制、移动、重命名和删除。Python 有一个内置模块 shutil，使用它可以对文件执行这些基本操作，也可以执行更高级的操作。在程序中使用 shutil 模块，只需添加 import shutil 导入语句即可。shutil 模块提供了一些用于文件复制和删除操作的函数。接下来我们逐一了解这些操作。

5.2.1 复制文件

本节我们将学习如何使用 shutil 模块复制文件。创建一个名为 hello.py 的脚本并在其中添加如下代码。

```
print ("")
print ("Hello World\n")
print ("Hello Python\n")
```

现在编写复制程序，创建一个新脚本，命名为 shutil_copy_example.py。在其中添加以下代码。

```
import shutil
import os
shutil.copy('hello.py', 'welcome.py')
print("Copy Successful")
```

运行脚本程序，如下所示。

```
$ python3 shutil_copy_example.py
```

输出如下。

```
Copy Successful
```

检查目录中是否存在 `welcome.py` 脚本。若存在，则打开该脚本，我们会发现 `hello.py` 的内容被复制到了 `welcome.py` 中。

5.2.2 移动文件

现在我们学习如何移动文件。我们可以使用 `shutil.move()` 来实现该操作。`shutil.move (source, destination)` 表示将文件从 **source** 移动到 **destination**。创建一个名为 `shutil_ move_example.py` 的脚本并在其中添加以下代码。

```
import shutil
shutil.move('/home/student/sample.txt', '/home/student/Desktop/.')
```

运行脚本程序，如下所示。

```
$ python3 shutil_move_example.py
```

在此脚本中，要移动的文件是 `sample.txt`，它位于 `/home/student` 目录中。`/home/student` 是源文件夹，`/home/student/Desktop` 是目标文件夹。因此在运行脚本之后，`sample.txt` 文件将从 `/home/student` 被移动到 `/home/student/Desktop` 目录中。

5.2.3 重命名文件

在 5.2.2 节中我们学习了如何使用 `shutil.move()` 将文件从源文件类移动到目标文件夹。除此以外，使用 `shutil.move()` 也可以重命名文件。创建一个脚本，命名为 `shutil_rename_example.py`，并在其中添加以下代码。

```
import shutil
shutil.move('hello.py', 'hello_renamed.py')
```

运行脚本程序，如下所示。

```
$ python3 shutil_rename_example.py
```

现在，该文件被重命名为 `hello_renamed.py`。

5.2.4 删除文件

现在我们将学习如何使用 **Python** 中的 `os` 模块删除文件和文件夹。

`os` 模块的 `remove()` 方法用于删除文件。如果我们使用此方法删除文件夹，程序就会抛出 `OSError`。删除文件夹可以使用 `rmdir()` 函数。

现在，创建一个脚本，命名为 os_remove_file_directory.py，并在其中写入以下代码。

```
import os
os.remove('sample.txt')
print("File removed successfully")
os.rmdir('work1')
print("Directory removed successfully")
```

运行脚本程序，如下所示。

```
$ python3 os_remove_file_directory.py
```

输出如下。

```
File removed successfully
Directory removed successfully
```

5.3 使用路径

接下来我们学习 os.path()。它用于使用路径。本节将介绍 os 模块为使用路径提供的一些函数。

启动 Python 3 控制台，如下所示。

```
student@ubuntu:~$ python3
Python 3.6.6 (default, Sep 12 2018, 18:26:19)
[GCC 8.0.1 20180414 (experimental) [trunk revision 259383]] on linux
Type "help", "copyright", "credits" or "license" for more information.
>>>
```

- os.path.absname(path)：返回绝对路径，包含文件名。

```
>>> import os
>>> os.path.abspath('sample.txt')
'/home/student/work/sample.txt'
```

- os.path.dirname(path)：返回路径，不包含文件名。

```
>>> os.path.dirname('/home/student/work/sample.txt')
'/home/student/work'
```

- os.path.basename(path)：返回文件名，不包含路径。

```
>>> os.path.basename('/home/student/work/sample.txt')
```

```
'sample.txt'
```

- `os.path.exists(path)`：如果存在该文件或路径，则返回 `True`。

```
>>> os.path.exists('/home/student/work/sample.txt')
True
```

- `os.path.getsize(path)`：返回文件大小，以字节为单位。

```
>>> os.path.getsize('/home/student/work/sample.txt')
39
```

- `os.path.isfile(path)`：检查输入是否是一个文件，若是则返回 `True`。

```
>>> os.path.isfile('/home/student/work/sample.txt')
True
```

- `os.path.isdir(path)`：检查输入是否是一个目录，若不是，则返回 `False`。

```
>>> os.path.isdir('/home/student/work/sample.txt')
False
```

5.4 比较数据

本节我们将学习如何比较 Python 中的数据。这里需要使用 Pandas 模块。

Pandas 是一个开源的数据分析库，提供易于使用的数据结构和数据分析工具。它让数据的导入和分析变得更加容易。

在开始编写程序之前，请确保在系统上安装了 Pandas。安装方法如下所示。

```
pip3 install pandas      --- For Python3
```

或者

```
pip install pandas       --- For python2
```

接下来我们看一个用 Pandas 比较数据的示例程序。首先创建两个文件：`student1.csv` 和 `student2.csv`，然后比较这两个文件的数据，在输出中体现比较结果。如下创建两个文件。

创建文件 `student1.csv`，并添加如下内容。

```
Id,Name,Gender,Age,Address
101,John,Male,20,New York
```

```
102,Mary,Female,18,London
103,Aditya,Male,22,Mumbai
104,Leo,Male,22,Chicago
105,Sam,Male,21,Paris
106,Tina,Female,23,Sydney
```

创建文件 student2.csv,并添加如下内容。

```
Id,Name,Gender,Age,Address
101,John,Male,21,New York
102,Mary,Female,20,London
103,Aditya,Male,22,Mumbai
104,Leo,Male,23,Chicago
105,Sam,Male,21,Paris
106,Tina,Female,23,Sydney
```

现在创建一个脚本,命名为 compare_data.py,并在其中添加以下代码。

```
import pandas as pd
df1 = pd.read_csv("student1.csv")
df2 = pd.read_csv("student2.csv")
s1 = set([ tuple(values) for values in df1.values.tolist()])
s2 = set([ tuple(values) for values in df2.values.tolist()])
s1.symmetric_difference(s2)
print (pd.DataFrame(list(s1.difference(s2))), '\n')
print (pd.DataFrame(list(s2.difference(s1))), '\n')
```

运行脚本程序,如下所示。

```
$ python3 compare_data.py
```

输出如下。

```
     0     1       2   3         4
0  102  Mary  Female  18    London
1  104   Leo    Male  22   Chicago
2  101  John    Male  20  New York

     0     1       2   3         4
0  101  John    Male  21  New York
1  104   Leo    Male  23   Chicago
2  102  Mary  Female  20    London
```

上面的示例程序比较了两个 csv 文件 student1.csv 和 student2.csv 之间的数据。首先将数据帧(df1,df2)转换为集合(s1,s2),然后使用了 symmetric_difference() 函数检查 s1 和 s2 之间的差异,最后输出结果。

5.5　合并数据

本节我们将学习如何用 Python 合并数据。这里依然使用 Pandas 模块，同时沿用 5.4 节中已创建的两个文件 student1.csv 和 student2.csv。

现在，我们创建一个脚本，命名为 merge_data.py，并在其中添加以下代码。

```
import pandas as pd
df1 = pd.read_csv("student1.csv")
df2 = pd.read_csv("student2.csv")
result = pd.concat([df1, df2])
print(result)
```

运行脚本程序，如下所示。

```
$ python3 merge_data.py
```

输出如下。

```
    Id   Name  Gender  Age  Address
0  101   John    Male   20  New York
1  102   Mary  Female   18    London
2  103 Aditya    Male   22    Mumbai
3  104    Leo    Male   22   Chicago
4  105    Sam    Male   21     Paris
5  106   Tina  Female   23    Sydney
0  101   John    Male   21  New York
1  102   Mary  Female   20    London
2  103 Aditya    Male   22    Mumbai
3  104    Leo    Male   23   Chicago
4  105    Sam    Male   21     Paris
5  106   Tina  Female   23    Sydney
```

5.6　用模式匹配文件和目录

本节我们将学习文件和目录的模式匹配。Python 拥有 glob 模块，用于查找与特定模式匹配的文件和目录名称。

现在，我们来看一个示例程序。创建一个脚本，命名为 pattern_match.py，并在其中添加以下代码。

```
import glob
file_match = glob.glob('*.txt')
print(file_match)
file_match = glob.glob('[0-9].txt')
print(file_match)
file_match = glob.glob('**/*.txt', recursive=True)
print(file_match)
file_match = glob.glob('**/', recursive=True)
print(file_match)
```

运行脚本程序,如下所示。

```
$ python3 pattern_match.py
```

输出如下。

```
['file1.txt', 'filea.txt', 'fileb.txt', 'file2.txt', '2.txt', '1.txt',
'file.txt']
['2.txt', '1.txt']
['file1.txt', 'filea.txt', 'fileb.txt', 'file2.txt', '2.txt', '1.txt',
'file.txt', 'dir1/3.txt', 'dir1/4.txt']
['dir1/']
```

上面的示例程序使用了 Python 的 glob 模块进行模式匹配。glob(pathname) 函数返回与 pathname 匹配的名称列表。该脚本程序在 3 个 glob() 函数中传递了 3 个不同的 pathname。第一个 glob() 函数的 pathname 为*.txt,表示返回所有扩展名为 txt 的文件名。第二个 glob() 函数的 pathname 为[0-9].txt,表示返回以数字开头的文件名。第三个 glob() 函数的 pathname 为**/*.txt,它将返回文件名和目录名。第四个 glob() 函数的 pathname 为**/,它只返回目录名。

5.7 元数据:数据的数据

本节我们将学习 PyPdf 模块,它用于从 PDF 文件中获取元数据。首先,什么是元数据?元数据是关于数据的数据。元数据是指描述一组数据的结构化信息,同时也是该组数据的摘要。它包含有关实际数据的基本信息,这有助于查找特定的数据。

 确保您要获取元数据的目录中存在 PDF 文件。

首先我们需要安装 PyPdf 模块,如下所示。

```
pip install pyPdf
```

现在，编写一个脚本，命名为 `metadata_example.py`，接下来我们将看到获取元数据的方法。

我们将在 Python 2 中编写此脚本。

```python
import pyPdf
def main():
        file_name = '/home/student/sample_pdf.pdf'
        pdfFile = pyPdf.PdfFileReader(file(file_name,'rb'))
        pdf_data = pdfFile.getDocumentInfo()
        print ("----Metadata of the file----")
        for md in pdf_data:
                print (md+ ":" +pdf_data[md])
if __name__ == '__main__':
        main()
```

运行脚本程序，如下所示。

```
student@ubuntu:~$ python metadata_example.py
----Metadata of the file----
/Producer:Acrobat Distiller Command 3.0 for SunOS 4.1.3 and later (SPARC)
/CreationDate:D:19980930143358
```

上面的脚本程序使用了 Python 2 的 `PyPdf` 模块。首先创建了一个变量 `file_name` 来存储 PDF 文件的路径。接下来使用了 `PdfFileReader()` 读取数据。然后创建了一个变量 `pdf_data` 来保存有关 PDF 的数据。最后编写了一个 `for` 循环来获取元数据。

5.8 压缩和解压

本节我们将学习 shutil 模块的 `make_archive()` 函数，它用于压缩指定目录中的所有文件。

我们创建一个脚本，命名为 `compress_a_directory.py`，并在其中添加以下代码。

```python
import shutil
shutil.make_archive('work', 'zip', 'work/')
```

运行脚本程序，如下所示。

```
$ python3 compress_a_directory.py
```

在上面的脚本程序中，shutil.make_archive()函数的第一个参数work指定被压缩文件的名称，第二个参数zip指定压缩格式，第三个参数work/表示被压缩文件所在目录的名称。

要从压缩文件中解压数据，我们可以使用shutil模块中的unpack_archive()函数。

创建一个脚本，命名为unzip_a_directory.py，并在其中添加以下代码。

```
import shutil
shutil.unpack_archive('work1.zip')
```

运行脚本程序，如下所示。

```
$ python3 unzip_a_directory.py
```

在解压缩目录后，查看目录，我们将会看到所有文件。

5.9 使用 tarfile 模块创建 TAR 文件

本节我们将学习如何使用 Python 的 tarfile 模块创建 TAR 文件。

tarfile 模块使用 gzip、bz2 压缩技术读取和写入 TAR 文件。首先我们确保工作目录中存在一些文件和目录。然后创建一个脚本，命名为 tarfile_example.py，并在其中添加以下代码。

```
import tarfile
tar_file = tarfile.open("work.tar.gz", "w:gz")
for name in ["welcome.py", "hello.py", "hello.txt", "sample.txt", "sample1.txt"]:
            tar_file.add(name)
tar_file.close()
```

运行脚本程序，如下所示。

```
$ python3 tarfile_example.py
```

现在检查当前工作目录，我们可以看到已经创建了文件 work.tar.gz。

5.10 使用 tarfile 模块查看 TAR 文件的内容

本节我们将学习如何在不实际提取 TAR 文件的情况下，查看已有 TAR 文件的内容。

同样，我们选择使用 Python 的 `tarfile` 模块来完成操作。

我们创建一个脚本，命名为 `examine_tar_file_content.py`，并在其中添加以下代码。

```
import tarfile
tar_file = tarfile.open("work.tar.gz", "r:gz")
print(tar_file.getnames())
```

运行脚本程序，如下所示。

```
$ python3 examine_tar_file_content.py
```

输出如下。

```
['welcome.py', 'hello.py', 'hello.txt', 'sample.txt', 'sample1.txt']
```

上面的示例程序使用了 `tarfile` 模块查看创建的 TAR 文件的内容。其中，使用了 `getnames()` 函数来读取数据。

5.11 总结

在本章中，首先我们学习了如何编写处理文件和目录的 Python 脚本程序，还学习了如何使用 os 模块来处理目录。然后学习了如何复制、移动、重命名和删除文件，并了解了 Python 中的 Pandas 模块，它可以用于比较和合并数据。最后学习了如何使用 `tarfile` 模块创建 TAR 文件和查看 TAR 文件的内容，并且学习了如何在搜索文件和目录时进行模式匹配。

在第 6 章中，我们将更深入地学习 TAR 归档文件，以及如何创建 ZIP 文件。

5.12 问题

1. 在不同的操作系统中（Windows/Linux），如何处理不同路径？
2. Python 中 `print()` 函数有哪些不同参数？
3. Python 中的 `dir()` 函数有什么用？
4. Pandas 中的 `DataFrame` 和 `Series` 是什么？

5. 什么是列表推导式?

6. 我们可以使用集合推导和字典推导吗?如果可以,怎么实现?

7. 使用 Pandas 中的 DataFrame 对象,如何输出最前 N 行或最后 N 行数据?

8. 使用列表推导式输出奇数。

9. sys.argv 是什么数据类型?

a) set

b) list

c) tuple

d) string

第 6 章
文件归档、加密和解密

第 5 章中我们学习了处理文件、目录和数据，还了解了 tarfile 模块。在本章中，我们将学习文件归档、加密和解密。归档在管理文件、目录和数据方面发挥着重要作用。那么什么是归档？归档是将文件和目录存储到单个文件中的过程。Python 的 tarfile 模块可以创建此类归档文件。

本章将介绍以下主题。

- 创建和解压归档文件。
- TAR 归档文件。
- 创建 ZIP 文件。
- 文件加密与解密。

6.1 创建和解压归档文件

本节我们将学习使用 Python 的 shutil 模块创建和解压归档文件。shutil 模块的 make_archive() 函数可以用于创建新的归档文件，使用 make_archive() 函数可以归档整个目录中的内容。

6.1.1 创建归档文件

现在我们创建一个脚本，命名为 shutil_make_archive.py，并在其中添加以下代码。

```
import tarfile
import shutil
```

```
import sys

shutil.make_archive(
          'work_sample', 'gztar',
          root_dir='..',
          base_dir='work',
)
print('Archive contents:')
with tarfile.open('work_sample.tar.gz', 'r') as t_file:
  for names in t_file.getnames():
    print(names)
```

运行脚本程序,如下所示。

```
$ python3 shutil_make_archive.py
Archive contents:
work
work/bye.py
work/shutil_make_archive.py
work/welcome.py
work/hello.py
```

上面的示例程序使用了 Python 的 `shutil` 和 `tarfile` 模块创建归档文件。在 `shutil.make_archive()` 中,参数 `work_sample` 指定了归档文件的名称,并且采用 gz 格式。然后在 `base_dir` 属性中指定了工作目录的名称。最后程序输出了归档文件的名称。

6.1.2 解压归档文件

`shutil` 模块含有 `unpack_archive()` 函数,用于解压归档文件。此功能可以提取归档文件的内容。我们只需向函数传递归档文件名称和提取内容的目标目录即可。如果没有传递目标目录名,它会将内容提取到当前工作目录。

现在,我们创建一个脚本,命名为 `shutil_unpack_archive.py`,并在其中添加以下代码。

```
import pathlib
import shutil
import sys
import tempfile
with tempfile.TemporaryDirectory() as d:
 shutil.unpack_archive('work_sample.tar.gz',
extract_dir='/home/student/work',)
```

```
prefix_len = len(d) + 1
for extracted in pathlib.Path(d).rglob('*'):
    print(str(extracted)[prefix_len:])
```

运行脚本程序，如下所示。

```
student@ubuntu:~/work$ python3 shutil_unpack_archive.py
```

现在查看/work 目录，我们会发现/work 文件夹中已有提取出的文件。

6.2　TAR 归档文件

本节我们将学习 tarfile 模块。首先学习检测输入的文件名是否为有效的归档文件。然后尝试将新文件添加到已有的归档文件中，使用 tarfile 模块获取元数据。最后学习使用 extractall() 函数从归档文件中提取内容。

首先，我们将测试输入的文件名是否是有效的归档文件。tarfile 模块的 is_tarfile() 函数可以实现此操作，该函数返回一个布尔值。

创建一个脚本，命名为 check_archive_file.py，并在其中添加以下代码。

```
import tarfile

for f_name in ['hello.py', 'work.tar.gz', 'welcome.py', 'nofile.tar',
'sample.tar.xz']:
    try:
        print('{:} {}'.format(f_name, tarfile.is_tarfile(f_name)))
    except IOError as err:
        print('{:} {}'.format(f_name, err))
```

运行脚本程序，如下所示。

```
student@ubuntu:~/work$ python3 check_archive_file.py
hello.py          False
work.tar.gz       True
welcome.py        False
nofile.tar            [Errno 2] No such file or directory: 'nofile.tar'
sample.tar.xz     True
```

在上面的脚本程序中，tarfile.is_tarfile() 会检查列表中的每个文件名。hello.py 和 welcome.py 文件不是 TAR 文件，因此得到的结果为 False。work.tar.gz 和 sample.tar.xz 是 TAR 文件，因此得到的结果为 True。因为我们的目录中没有

nofile.tar 这样的文件，所以脚本程序抛出了一个异常。

然后尝试在已有的归档文件中添加一个新文件。创建一个新脚本，命名为 add_to_archive.py，并在其中添加以下代码。

```
import shutil
import os
import tarfile
print('creating archive')
shutil.make_archive('work', 'tar', root_dir='..', base_dir='work',)
print('\nArchive contents:')
with tarfile.open('work.tar', 'r') as t_file:
 for names in t_file.getnames():
 print(names)
os.system('touch sample.txt')
print('adding sample.txt')
with tarfile.open('work.tar', mode='a') as t:
 t.add('sample.txt')
print('contents:',)
with tarfile.open('work.tar', mode='r') as t:
 print([m.name for m in t.getmembers()])
```

运行脚本程序，如下所示。

```
student@ubuntu:~/work$ python3 add_to_archive.py
```

输出如下。

```
creating archive
Archive contents:
work
work/bye.py
work/shutil_make_archive.py
work/check_archive_file.py
work/welcome.py
work/add_to_archive.py
work/shutil_unpack_archive.py
work/hello.py
adding sample.txt
contents:
['work', 'work/bye.py', 'work/shutil_make_archive.py',
'work/check_archive_file.py', 'work/welcome.py', 'work/add_to_archive.py',
'work/shutil_unpack_archive.py', 'work/hello.py', 'sample.txt']
```

这个示例程序使用 shutil.make_archive() 创建了一个归档文件，然后输出了归档文件的内容。之后，在下一语句中创建了一个 sample.txt 文件。接下来在已创建的 work.tar 中添加 sample.txt 文件，这里使用了追加模式。最后，再次输出已归档文件的内容。

然后我们来学习如何从归档文件中读取元数据。使用 getmembers() 函数可以获取文件的元数据。创建一个脚本，命名为 read_metadata.py，并在其中添加以下代码。

```python
import tarfile
import time
with tarfile.open('work.tar', 'r') as t:
        for file_info in t.getmembers():
                print(file_info.name)
                print("Size    :", file_info.size, 'bytes')
                print("Type    :", file_info.type)
                print()
```

运行脚本程序，如下所示。

student@ubuntu:~/work$ python3 read_metadata.py

输出如下。

work/bye.py
Size : 30 bytes
Type : b'0'
work/shutil_make_archive.py
Size : 243 bytes
Type : b'0'
work/check_archive_file.py
Size : 233 bytes
Type : b'0'

work/welcome.py
Size : 48 bytes
Type : b'0'

work/add_to_archive.py
Size : 491 bytes
Type : b'0'

work/shutil_unpack_archive.py
Size : 279 bytes
Type : b'0'

最后，我们来学习使用 extractall() 函数从归档文件中提取内容。创建一个脚本，命名为 extract_contents.py，并在其中添加以下代码。

```
import tarfile
import os
os.mkdir('work')
with tarfile.open('work.tar', 'r') as t:
            t.extractall('work')
print(os.listdir('work'))
```

运行脚本程序，如下所示。

```
student@ubuntu:~/work$ python3 extract_contents.py
```

查看当前工作目录，可以找到 /work 目录。打开该目录，可以找到解压的文件。

6.3 创建 ZIP 文件

本节主要介绍创建 ZIP 文件。我们将了解 Python 的 zipfile 模块，学习如何创建 ZIP 文件，如何测试输入的文件名是否是有效的 ZIP 文件，以及如何获取元数据等。

首先我们使用 shutil 模块的 make_archive() 函数创建一个 ZIP 文件。创建一个脚本，命名为 make_zip_file.py，并在其中添加以下代码。

```
import shutil
shutil.make_archive('work', 'zip', 'work')
```

运行脚本程序，如下所示。

```
student@ubuntu:~$ python3 make_zip_file.py
```

现在查看当前工作目录，我们可以看到 work.zip 文件。

接下来测试输入的文件名是否是有效的 ZIP 文件。使用 zipfile 模块的 is_zipfile() 函数可以实现此操作。

创建一个脚本，命名为 check_zip_file.py，并在其中添加以下代码。

```
import zipfile
for f_name in ['hello.py', 'work.zip', 'welcome.py', 'sample.txt',
'test.zip']:
            try:
                        print('{:}                    {}'.format(f_name,
zipfile.is_zipfile(f_name)))
```

```
                except IOError as err:
                    print('{:}           {}'.format(f_name, err))
```

运行脚本程序，如下所示。

```
student@ubuntu:~$ python3 check_zip_file.py
```

输出如下。

```
hello.py           False
work.zip           True
welcome.py         False
sample.txt         False
test.zip           True
```

这个示例程序使用了 for 循环，它循环测试列表中的每个文件名。其中 is_zipfile() 函数逐个测试文件名，并以布尔值返回结果。

现在来看如何使用 Python 的 zipfile 模块从 ZIP 归档文件中获取元数据。创建一个新脚本，命名为 read_metadata.py，并在其中写入以下代码。

```
import zipfile

def meta_info(names):
    with zipfile.ZipFile(names) as zf:
        for info in zf.infolist():
            print(info.filename)
            if info.create_system == 0:
                system = 'Windows'
            elif info.create_system == 3:
                system = 'Unix'
            else:
                system = 'UNKNOWN'
            print("System          :", system)
            print("Zip Version     :", info.create_version)
            print("Compressed      :", info.compress_size, 'bytes')
            print("Uncompressed    :", info.file_size, 'bytes')
            print()

if __name__ == '__main__':
    meta_info('work.zip')
```

运行脚本程序，如下所示。

```
student@ubuntu:~$ python3 read_metadata.py
```

输出如下。

```
sample.txt
System          : Unix
Zip Version     : 20
Compressed      : 2 bytes
Uncompressed    : 0 bytes

bye.py
System          : Unix
Zip Version     : 20
Compressed      : 32 bytes
Uncompressed   : 30 bytes

extract_contents.py
System          : Unix
Zip Version     : 20
Compressed      : 95 bytes
Uncompressed   : 132 bytes

shutil_make_archive.py
System          : Unix
Zip Version     : 20
Compressed      : 160 bytes
Uncompressed   : 243 bytes
```

上面的示例程序使用了 `zipfile` 模块的 `infolist()` 方法获取 ZIP 文件相关的元数据信息。

6.4 文件加密与解密

本节我们将学习 Python 的 `pyAesCrypt` 模块。`pyAesCrypt` 是一个文件加密模块，它使用 AES256-CBC 来加密/解密文件和二进制流。

安装 `pyAesCrypt` 模块的方法如下所示。

```
pip3 install pyAesCrypt
```

我们创建一个脚本，命名为 `file_encrypt.py`，并在其中添加以下代码。

```
import pyAesCrypt

from os import stat, remove
# 加/解密缓冲区大小—64KB
bufferSize = 64 * 1024
password = "#Training"
with open("sample.txt", "rb") as fIn:
 with open("sample.txt.aes", "wb") as fOut:
 pyAesCrypt.encryptStream(fIn, fOut, password, bufferSize)
# 获得加密的文件大小
encFileSize = stat("sample.txt.aes").st_size
```

运行脚本程序，如下所示。

```
student@ubuntu:~/work$ python3 file_encrypt.py
```

查看当前工作目录，我们可以找到 sample.txt.aes 加密文件。

在这个示例程序中，我们指定了缓冲区大小和密码，接着指定了被加密的文件名。在 encryptStream() 函数中，fIn 参数表示被加密的文件，fOut 参数表示加密后的文件。加密文件存储为 sample.txt.aes。

接下来我们将解密 sample.txt.aes 文件，以获取文件内容。创建一个脚本，命名为 file_decrypt.py，并在其中添加以下代码。

```
import pyAesCrypt
from os import stat, remove
bufferSize = 64 * 1024
password = "#Training"
encFileSize = stat("sample.txt.aes").st_size
with open("sample.txt.aes", "rb") as fIn:
 with open("sampleout.txt", "wb") as fOut:
 try:
 pyAesCrypt.decryptStream(fIn, fOut, password, bufferSize, encFileSize)
 except ValueError:
 remove("sampleout.txt")
```

运行脚本程序，如下所示。

```
student@ubuntu:~/work$ python3 file_decrypt.py
```

现在查看当前工作目录，我们可以看到已经创建了 sampleout.txt 文件，这就是解密后的文件。

在这个示例程序中，指定了被解密的文件 sample.txt.aes，然后指定了解密后的文件为 sampleout.txt。在 decryptStream() 函数中，fIn 参数表示被解密的文件，fOut 参数表示解密后的文件。

6.5 总结

在本章中，我们学习了如何创建和解压归档文件。归档文件在管理文件、目录和数据方面发挥着重要作用，它可以将文件和目录存储到单个文件中。

此外，我们还详细了解了 Python 的 tarfile 和 zipfile 模块，使用它们能创建和解压归档文件，也能将新文件添加到已有的归档文件中，还能获取元数据，从归档中提取文件的内容。最后，我们还学习了使用 pyAescrypt 模块进行文件加密和解密。

在第 7 章中，我们将学习 Python 中的文本处理和正则表达式。Python 有一个非常强大的库——正则表达式库，它可以用来搜索数据和提取数据。

6.6 问题

1. 我们可以使用密码来压缩数据吗？如果可以，怎么做？
2. 什么是 Python 中的上下文管理器？
3. 什么是序列化（pickling）和反序列化（unpickling）？
4. Python 中有哪些不同种类的函数？

第 7 章 文本处理和正则表达式

本章我们将学习文本处理和正则表达式。文本处理是指创建文本或修改文本的过程。Python 有一个非常强大的库，即正则表达式，它可以用来搜索数据和提取数据，本章学习如何对文件进行这些操作，并学习如何读取和写入文件。

此外，我们将学习使用 Python 的 textwrap 模块实现文本包装，并学习 Python 的 re 模块以及使用 Python 进行文本处理，这将涉及 re 模块的 match()、search()、findall() 和 sub() 函数。最后我们将了解 Unicode 字符串。

本章将介绍以下主题。

- 文本包装。
- 正则表达式。
- Unicode 字符串。

7.1 文本包装

本节我们将学习 Python 的 textwrap 模块，该模块提供了 TextWrapper 类，使用该类可以完成所有需要的操作。textwrap 模块用于格式化文本和包装文本，该模块主要提供 5 个函数：wrap()、fill()、dedent()、indent() 和 shorten()。现在我们逐一学习这些函数。

7.1.1 wrap()函数

wrap()函数用于将整个文本段落包装到单个字符串中，并输出由行组成的列表。

语法格式是 `textwrap.wrap(text,width)`。

- `text`：要包装的文本。
- `width`：每行允许的最大宽度，默认值为 70。

现在我们来看 `wrap()` 函数的示例程序。创建一个脚本，命名为 `wrap_example.py`，并添加以下代码。

```
import textwrap

sample_string = '''Python is an interpreted high-level programming language
for general-purpose programming. Created by Guido van Rossum and first
released in 991, Python has a design philosophy that emphasizes code
readability, notably using significant whitespace.'''

w = textwrap.wrap(text=sample_string, width=30)
print(w)
```

运行脚本程序，如下所示。

```
student@ubuntu:~/work$ python3 wrap_example.py
['Python is an interpreted high-', 'level programming language for',
'general-purpose programming.', 'Created by Guido van Rossum', 'and first
released in', '1991, Python has a design', 'philosophy that emphasizes',
'code readability,  notably', 'using significant whitespace.']
```

上面的示例程序使用了 Python 的 `textwrap` 模块。首先创建了一个名为 `sample_string` 的字符串。接下来，使用 `TextWrapper` 类指定每行宽度。然后使用 `wrap()` 函数将字符串包装成宽度为 30 的文本。最后输出每行文本。

7.1.2　fill()函数

`fill()` 函数与 `wrap()` 函数的工作方式类似，不同之处在于它的返回值是一个包含换行符的字符串，而不是列表。此函数将文本作为输入，以单个字符串作为输出。

函数语法格式如下所示。

`textwrap.fill(text, width)`

- `text`：要包装的文本。
- `width`：每行允许的最大宽度，默认值为 70。

现在我们来看 `fill()` 函数的示例程序。创建一个脚本，命名为 `fill_example.py`，并添加以下代码。

```
import textwrap

sample_string = '''Python is an interpreted high-level programming
language.'''

w = textwrap.fill(text=sample_string, width=50)
print(w)
```

运行脚本程序,如下所示。

```
student@ubuntu:~/work$ python3 fill_example.py
Python is an interpreted high-level programming
language.
```

上面的示例程序使用了 `fill()` 函数,与使用 `wrap()` 函数的示例程序类似。首先创建一个字符串,接下来创建了 `textwrap` 对象,然后使用 `fill()` 函数将字符串包装,最后输出文本。

7.1.3　dedent()函数

`dedent()` 是 `textwrap` 模块的另一个函数,使用此函数可将每一行的前导空格删除。

函数语法如下所示。

```
textwrap.dedent(text)
```

`text` 即是 `dedent()` 函数接收的文本。

现在我们来看 `dedent()` 函数的示例程序。创建一个脚本,命名为 `dedent_example.py`,并添加以下代码。

```
import textwrap

str1 = '''
        Hello Python World \tThis is Python 101
        Scripting language\n
        Python is an interpreted high-level programming language for
general-purpose programming.
        '''
print("Original: \n", str1)
print()
```

```
t = textwrap.dedent(str1)
print("Dedented: \n", t)
```

运行脚本程序,如下所示。

```
student@ubuntu:~/work$ python3 dedent_example.py
```

输出如下。

```
Hello Python World    This is Python 101
Scripting language

Python is an interpreted high-level programming language for general-
purpose programming.
```

上面的示例程序首先创建了一个字符串 str1,然后使用 textwrap.dedent() 删除了前导空格。其中制表符和空格均被视为空格,即使它们并不是同一种符号。所以,在本例中,它还删除了唯一的制表符。

7.1.4 indent()函数

indent()函数用于将指定前缀添加到文本中选定行的开头。

函数语法如下所示。

```
textwrap.indent(text, prefix)
```

- text:字符串。
- prefix:要添加的前缀。

我们创建一个脚本,命名为 indent_example.py,并在其中添加以下代码。

```
import textwrap

str1 = "Python is an interpreted high-level programming language for
general-purpose programming. Created by Guido van Rossum and first released
in 1991, \n\nPython has a design philosophy that emphasizes code
readability, notably using significant whitespace."

w = textwrap.fill(str1, width=30)
i = textwrap.indent(w, '*')
print(i)
```

运行脚本程序,如下所示。

```
student@ubuntu:~/work$ python3 indent_example.py
*Python is an interpreted high-
*level programming language for
*general-purpose programming.
*Created by Guido van Rossum
*and first released in 1991,
*Python has a design philosophy
*that emphasizes code
*readability, notably using
*significant whitespace.
```

上面的示例程序使用了 textwrap 模块的 fill() 和 indent() 函数。首先，使用 fill() 函数将数据存储到变量 w 中，然后使用 indent() 函数向每一行添加一个*前缀，最后输出文本。

7.1.5 shorten()函数

textwrap 模块的 shorten() 函数按指定宽度截取文本，例如创建内容摘要或文本预览，就可以使用 shorten() 函数。使用 shorten() 函数后，文本中的所有连续空格都将替换为单个空格。

函数语法如下所示。

```
textwrap.shorten(text, width)
```

现在我们来看 shorten() 的示例程序。创建一个脚本，命名为 shorten_example.py，并在其中添加以下代码。

```
import textwrap

str1 = "Python is an interpreted high-level programming language for
general-purpose programming. Created by Guido van Rossum and first released
in 1991, \n\nPython has a design philosophy that emphasizes code
readability, notably using significant whitespace."

s = textwrap.shorten(str1, width=50)
print(s)
```

运行脚本程序，如下所示。

```
student@ubuntu:~/work$ python3 shorten_example.py
Python is an interpreted high-level [...]
```

上面的示例程序使用了 shorten() 函数来截取文本，并且原文本宽度大于指定宽度。首先将所有连续空格替换为单个空格，如果文本宽度小于指定宽度，则显示完整结果，否则显示指定宽度的文本，其余文本用占位符表示。

7.2 正则表达式

本节我们将学习 Python 中的正则表达式。正则表达式是一种专用编程语言，它内置在 Python 中，可以通过 re 模块供我们使用。我们可以使用正则表达式定义一种规则来匹配想要的字符串，进而从文件、代码、文档和电子表格等中提取特定信息。

在 Python 中，正则表达式用 re 表示，导入 re 模块即可使用。正则表达式支持 4 种对象。

- 标识符。
- 修饰符。
- 空白字符。
- 特殊标记。

标识符及其描述，如表 7-1 所示。

表 7-1　　　　　　　　　　　　　标识符

标识符	描述
\w	匹配字母和数字字符，包括下划线（_）
\W	匹配非字母和非数字字符，不包括下划线（_）
\d	匹配数字字符
\D	匹配非数字字符
\s	匹配空格
\S	匹配非空格字符
.	匹配句点
\b	匹配除新行外的所有字符

修饰符及其描述,如表 7-2 所示。

表 7-2　　　　　　　　　　　　修饰符

修饰符	描述
^	匹配字符串开始位置
$	匹配字符串结束位置
?	匹配 0 次或 1 次
*	匹配 0 次或任意次
+	匹配 1 次或任意次
|	匹配符号两边任意一个字符
[ ]	匹配一组字符中任意一个字符
{x}	匹配前面字符 x 次

空白字符及其描述,如表 7-3 所示。

表 7-3　　　　　　　　　　　　空白字符

字符	描述
\s	空格
\t	缩进
\n	新行
\e	转义字符
\f	换页符
\r	回车

特殊标记及其描述,如表 7-4 所示。

表 7-4　　　　　　　　　　　　特殊标记

标记	描述
re.IGNORECASE	匹配时不区分大小写
re.DOTALL	匹配任何字符,包括新行
re.MULTILINE	多行匹配
re.ASCII	仅对 ASCII 字符进行转义匹配

接下来我们学习一些正则表达式的示例程序,主要涉及 match()、search()、findall() 和 sub() 函数。

在 Python 中使用正则表达式，需要在脚本中导入 re 模块，这样才能够使用正则表达式的所有函数和方法。

7.2.1 match()函数

match()函数是 re 模块的一个函数。此函数使用指定的 re 模式与字符串匹配。如果找到匹配项，将返回一个 match 对象，match 对象包含相关匹配信息。如果未找到匹配项，将返回 None。match 对象有以下两个方法。

- group(num)：返回整个匹配项。
- groups()：使用元组返回所有分组匹配项。

使用该函数的语法如下。

re.match(pattern, string)

现在我们来看 re.match()的示例程序。创建一个脚本，命名为 re_match.py，并在其中添加以下代码。

```
import re

str_line = "This is python tutorial. Do you enjoy learning python ?"
obj = re.match(r'(.*) enjoy (.*?) .*', str_line)
if obj:
        print(obj.groups())
```

运行脚本程序，如下所示。

```
student@ubuntu:~/work$ python3 re_match.py
('This is python tutorial. Do you', 'learning')
```

上面的脚本程序首先导入了 re 模块，以使用正则表达式。然后创建了一个字符串 str_line，接着创建了一个 match 对象 obj，并将匹配结果存储在其中。在这个例子中，正则表达式(.*) enjoy (.*?) .*将匹配 enjoy 关键字之前所有内容，以及匹配 enjoy 关键字之后的一个单词。最后使用 match 对象的 groups()方法返回所有分组匹配字符串，即('This is python tutorial. Do you', 'learning')。

7.2.2 search()函数

re 模块的 search()函数用于查找字符串。它会在文本中所有位置查找匹配指定 re

模式的字符串。search()函数主要有两个参数：模式和文本。该函数将查找匹配指定的字符串，找到匹配项后返回match对象。如果找不到匹配项，它将返回None。match对象有以下两个方法。

- group(num)：返回整个匹配项。
- groups()：使用元组返回所有分组匹配项。

使用该函数的语法如下。

```
re.search(pattern, string)
```

我们创建一个脚本，命名为re_search.py，并在其中添加以下代码。

```
import re

pattern = ['programming', 'hello']
str_line = 'Python programming is fun'
for p in pattern:
        print("Searching for %s in %s" % (p, str_line))
        if re.search(p, str_line):
                print("Match found")
        else:
                print("No match found")
```

运行脚本程序，如下所示。

```
student@ubuntu:~/work$ python3 re_search.py
Searching for programming in Python programming is fun
Match found
Searching for hello in Python programming is fun
No match found
```

上面的示例程序使用search()函数来查找符合指定re模式的match对象。导入re模块后，在列表中指定了一些匹配模式，该列表中包含两个字符串：programming和hello。接着创建了一个字符串str_line:Python programming is fun。然后使用了for循环，它将依次匹配列表中的模式。如果找到匹配项，则执行if语句块；如果未找到匹配项，则执行else语句块。

7.2.3　findall()函数

这是match对象的函数之一。findall()函数用于查找所有匹配项，并用列表返回所有匹配的字符串，其中列表的每个元素都是匹配项。此函数不重叠查找。

我们创建一个脚本,命名为 re_findall_example.py,并在其中添加以下代码。

```
import re

pattern = 'Red'
colors = 'Red, Blue, Black, Red, Green'
p = re.findall(pattern, colors)
print(p)

str_line = 'Peter Piper picked a peck of pickled peppers. How many pickled peppers did Peter Piper pick?'
pt = re.findall('pe\w+', str_line)
pt1 = re.findall('pic\w+', str_line)
print(pt)
print(pt1)

line = 'Hello hello HELLO bye'
p = re.findall('he\w+', line, re.IGNORECASE)
print(p)
```

运行脚本程序,如下所示。

```
student@ubuntu:~/work$ python3 re_findall_example.py
['Red', 'Red']
['per', 'peck', 'peppers', 'peppers', 'per']
['picked', 'pickled', 'pickled', 'pick']
['Hello', 'hello', 'HELLO']
```

上面的脚本程序使用了 3 次 findall() 函数。第一次定义了一个模式和一个字符串,然后使用 findall() 函数从字符串中找到了符合匹配模式的字符串,之后将其输出。第二次创建了一个字符串作为文本,使用 findall() 函数查找前两个字母为 pe 的单词,然后输出它们。最后得到前两个字母为 pe 的单词列表。

另外还查找了前 3 个字母为 pic 的单词,并输出它们,这里的返回值依然是使用由字符串组成的列表。第三次同样给出了一个字符串作为文本,其中包括大写和小写 hello,以及一个单词 bye。然后使用 findall() 函数查找前两个字母是 he 的单词。在参数中,还使用了一个 re.IGNORECASE 标志,它表示忽略单词的大小写。最后程序输出匹配结果。

7.2.4 sub()函数

这是 re 模块的一个重要函数。sub() 函数将符合模式的字符串替换为指定的字符串。函数语法如下。

re.sub(pattern, repl_str, string, count=0)

- pattern：匹配模式。
- repl_str：替换字符串。
- string：被匹配的文本。
- count：替换次数上限。默认为 0，表示替换所有符合模式的字符串。

我们创建一个脚本，命名为 re_sub.py，并在其中添加以下代码。

```
import re

str_line = 'Peter Piper picked a peck of pickled peppers. How many pickled peppers did Peter Piper pick?'

print("Original: ", str_line)
p = re.sub('Peter', 'Mary', str_line)
print("Replaced: ", p)


p = re.sub('Peter', 'Mary', str_line, count=1)
print("Replacing only one occurrence of Peter... ")
print("Replaced: ", p)
```

运行脚本程序，如下所示。

```
student@ubuntu:~/work$ python3 re_sub.py
Original:  Peter Piper picked a peck of pickled peppers. How many pickled peppers did Peter Piper pick?
Replaced:  Mary Piper picked a peck of pickled peppers. How many pickled peppers did Mary Piper pick?
Replacing only one occurrence of Peter...
Replaced:  Mary Piper picked a peck of pickled peppers. How many pickled peppers did Peter Piper pick?
```

上面的示例程序使用 sub() 函数将符合 re 模式的字符串替换为指定的字符串，即用 Mary 代替 Peter，字符串中所有 Peter 都会被替换为 Mary。之后将 count 参数设为 count = 1，表示最多只替换一次，则后面的 Peter 字符串会保持不变。

现在我们学习 re 模块的 subn() 函数。subn() 函数与 sub() 函数的功能相同，但 subn() 函数返回一个元组，其中包括新字符串和替换次数。下面是 subn() 函数的示例程序。我们创建一个脚本，命名为 re_subn.py，并在其中添加以下代码。

```python
import re

print("str1:- ")
str1 = "Sky is blue. Sky is beautiful."

print("Original: ", str1)
p = re.subn('beautiful', 'stunning', str1)
print("Replaced: ", p)
print()

print("str_line:- ")
str_line = 'Peter Piper picked a peck of pickled peppers. How many pickled peppers did Peter Piper pick?'

print("Original: ", str_line)
p = re.subn('Peter', 'Mary', str_line)
print("Replaced: ", p)
```

运行脚本程序,如下所示。

```
student@ubuntu:~/work$ python3 re_subn.py
str1:-
Original:  Sky is blue. Sky is beautiful.
Replaced:  ('Sky is blue. Sky is stunning.', 1)
str_line:-
Original:  Peter Piper picked a peck of pickled peppers. How many pickled peppers did Peter Piper pick?
Replaced:  ('Mary Piper picked a peck of pickled peppers. How many pickled peppers did Mary Piper pick?', 2)
```

上面的示例程序使用了 subn() 函数替换符合 re 模式的字符串。函数返回了一个包含替换后的字符串文本和替换次数的元组。

7.3 Unicode 字符串

本节我们将学习如何在 Python 中输出 Unicode 字符串。Python 以非常简单的方式处理 Unicode 字符串。Python 中的字符串类型实际上是 Unicode 字符串,而不是字节序列。

在系统中启动 Python 3 控制台,并编写以下代码。

```
student@ubuntu:~/work$ python3
Python 3.6.6 (default, Sep 12 2018, 18:26:19)
[GCC 8.0.1 20180414 (experimental) [trunk revision 259383]] on linux
```

```
Type "help", "copyright", "credits" or "license" for more information.
>>>
>>> print ('\u2713')
✓
>>> print ('\u2724')
✤
>>> print ('\u2750')
❐
>>> print ('\u2780')
➀
>>> chinese = '\u4e16\u754c\u60a8\u597d!'
>>> chinese
'世界,您好!'-----  (Meaning "Hello world!")
>>>
>>> s = '\u092E\u0941\u0902\u092C\u0908'
>>> s
'मुंबई'                      ------(Unicode translated in Marathi)
>>>
>>> s = '\u10d2\u10d0\u10db\u10d0\u10e0\u10ef\u10dd\u10d1\u10d0'
>>> s
'გამარჯობა'                  ------(Meaning "Hello" in Georgian)
>>>
>>> s = '\u03b3\u03b5\u03b9\u03b1\u03c3\u03b1\u03c2'
>>> s
'γειασας'                    ------(Meaning "Hello" in Greek)
>>>
```

7.3.1 Unicode 代码点

本节我们将学习 Unicode 代码点 (code point)。Python 有一个强大的内置函数 `ord()`，用于获取给定字符的 Unicode 代码点。我们来看一个从字符中获取 Unicode 代码点的示例程序，如下所示。

```
>>> str1 = u'Office'
>>> for char in str1:
... print('U+%04x' % ord(char))
...
U+004f
U+0066
U+0066
U+0069
U+0063
U+0065
```

7.3 Unicode 字符串

```
>>> str2 = '中文'
>>> for char in str2:
...     print('U+%04x' % ord(char))
...
U+4e2d
U+6587
```

7.3.2 编码

从 Unicode 代码点到字节序列的转换称为编码（encoding）。下面是一个 Unicode 代码点编码的示例程序。

```
>>> str = u'Office'
>>> enc_str = type(str.encode('utf-8'))
>>> enc_str
<class 'bytes'>
```

7.3.3 解码

从字节序列到 Unicode 代码点的转换称为解码（decoding）。下面是一个字节序列解码并获取 Unicode 代码点的示例程序。

```
>>> str = bytes('Office', encoding='utf-8')
>>> dec_str = str.decode('utf-8')
>>> dec_str
'Office'
```

7.3.4 避免 UnicodeDecodeError

如果字节序列无法解码为 Unicode 代码点，程序就会抛出 `UnicodeDecodeError`。为了避免这种异常，我们可以将 `replace`、`backslashreplace` 或 `ignore` 作为 `decode()` 函数中的 `error` 参数，代码如下所示。

```
>>> str = b"\xaf"
>>> str.decode('utf-8', 'strict')
    Traceback (most recent call last):
  File "<stdin>", line 1, in <module>
UnicodeDecodeError: 'utf-8' codec can't decode byte 0xaf in position 0:
invalid start byte
```

```
>>> str.decode('utf-8', "replace")
'\ufffd'
>>> str.decode('utf-8', "backslashreplace")
'\\xaf'
>>> str.decode('utf-8', "ignore")
' '
```

7.4 总结

在本章中，我们学习了 textwrap 模块，该模块用于格式化和包装文本。其中学习了 textwrap 模块的 wrap()、fill()、dedent()、indent() 和 shorten() 函数。然后学习了正则表达式，使用它可以定义一组规则，匹配我们想要的字符串。还了解了 re 模块的 4 个函数：match()、search()、findall() 和 sub()。最后学习了 Unicode 字符串，以及如何在 Python 中输出 Unicode 字符串。

在第 8 章中，我们将学习编写标准文档和报告。

7.5 问题

1. Python 中的正则表达式是什么？

2. 编写一个 Python 程序，检查字符串是否只包含某一种字符（a~z、A~Z、0~9）。

3. 哪个 Python 模块支持正则表达式？

a) re

b) regex

c) pyregex

d) 以上都不是

4. 关于 re.match() 函数的描述，哪个是正确的？

a) 以指定模式匹配字符串开头

b) 以指定模式匹配字符串任意位置

c) 没有这个函数

d）以上都不对

5．以下程序的输出是什么？

语句："we are humans"

匹配模式：re.match(r'(.*) (.*?) (.*)', sentence)

print(matched.group())

a) ('we', 'are', 'humans')

b) (we, are, humans)

c) ('we', 'humans')

d) 'we are humans'

第 8 章 文档和报告

本章我们将学习如何使用 Python 记录和报告信息。其中学习如何使用 Python 脚本获取输入以及如何输出、如何格式化字符串以及如何用 Python 编写接收电子邮件的脚本。

本章将介绍以下主题。

- 标准输入和输出。
- 字符串格式化。
- 发送电子邮件。

8.1 标准输入和输出

本节我们将学习 Python 中的输入和输出，即 stdin、stdout 以及 input() 函数。

stdin 和 stdout 是类似文件的对象，这些对象由操作系统提供。当用户在交互式会话中运行程序时，stdin 表示用户输入，stdout 表示用户的终端。由于 stdin 是一个类文件对象，因此必须从 stdin 开始读取数据，而不是在运行时读取数据。stdout 用于输出，它作为表达式和 print() 函数的输出，也作为 input() 函数的输入提示。

现在我们来看 stdin 和 stdout 的一个示例程序。创建一个脚本，命名为 stdin_stdout_example.py，并在其中写入以下代码。

```
import sys

print("Enter number1: ")
```

```
a = int(sys.stdin.readline())

print("Enter number2: ")
b = int(sys.stdin.readline())

c = a + b
sys.stdout.write("Result: %d " % c)
```

运行脚本程序，如下所示。

```
student@ubuntu:~/work$ python3 stdin_stdout_example.py
Enter number1:
10
Enter number2:
20
Result: 30
```

上面的示例程序使用 stdin 和 stdout 来获取输入并显示输出。sys.stdin.readline()用于从 stdin 读取输入数据。

下面我们学习 input()和 print()函数。input()函数从用户获取输入，该函数有一个可选参数：prompt string。

语法如下所示。

input(prompt)

input()函数返回一个字符串。如果我们需要一个整数值，只需在 input()函数前添加 int 关键字即可，如下所示。

int(input(prompt))

同样，它也可以转换为浮点数值。现在，我们来看一个示例程序。创建一个脚本，命名为 input_example.py，并在其中添加以下代码。

```
str1 = input("Enter a string: ")
print("Entered string is: ", str1)
print()

a = int(input("Enter the value of a: "))
b = int(input("Enter the value of b: "))
c = a + b
print("Value of c is: ", c)
print()

num1 = float(input("Enter num 1: "))
```

```
num2 = float(input("Enter num 2: "))
num3 = num1/num2
print("Value of num 3 is: ", num3)
```

运行脚本程序,如下所示。

```
student@ubuntu:~/work$ python3 input_example.py
```

输出如下。

```
Enter a string: Hello
Entered string is:  Hello
Enter the value of a: 10
Enter the value of b: 20
Value of c is:  30
Enter num 1: 10.50
Enter num 2: 2.0
Value of num 3 is:  5.25
```

上面的示例程序使用 input() 函数输入 3 个不同类型的值,第一个是字符串,第二个是整数值,第三个是浮点数值。如果使用 input() 输入整数值和浮点数值,必须用 int() 和 float() 类型转换函数将接收到的字符串分别转换为整数值和浮点数值。

print() 函数用于输出数据,该函数可以接收以逗号分隔的参数列表。前面的 input_example.py 脚本程序中就使用了 print() 函数。我们只需将要输出的数据用""或''括起来即可。如果要输出变量,只需在 print() 函数中写入变量名称即可。如果要在同一个 print() 函数输出一段文本和其他值,那么只需在它们之间加一个逗号即可。

我们来看一个简单的 print() 函数的示例程序。创建一个脚本,命名为 print_example.py,并在其中添加以下代码。

```
# 在屏幕上打印简单的字符串
print("Hello Python")

# 只访问一个值
a = 80
print(a)
# 在屏幕上打印字符串和访问值
a = 50
b = 30
c = a/b
print("The value of c is: ", c)
```

运行脚本程序，如下所示。

```
student@ubuntu:~/work$ python3 print_example.py
Hello Python
80
The value of c is:  1.6666666666666667
```

上面的示例程序首先输出了一个字符串，然后设置了 a 的值，并输出了它。之后输入 a 和 b 的值，然后将 a/b 的结果存储在变量 c 中，最后从同一个 `print()` 函数输出了一条语句和 c 的值。

8.2 字符串格式化

本节我们得学习字符串格式化，其中主要学习如何以两种方式格式化字符串，一种是使用 `string` 类中的 `format()` 方法，另一种是使用 % 运算符。

首先我们使用 `string` 类的 `format()` 方法学习字符串格式化。`string` 类的这种方法也可以进行值格式化，还可以进行可变替换，它通过位置参数与元素对应起来。

现在我们来看如何进行格式化。传入此方法的字符串可以包含由花括号分隔的文字文本或替换字段。格式化字符串时可以使用多对 {}，替换字段包含参数的索引或参数名称。调用之后将获得一个新字符串，其中每个替换字段都将替换为参数中的字符串值。

我们来看一个字符串格式化的示例程序。

创建一个脚本，命名为 `format_example.py`，并在其中添加以下代码。

```python
# 单一的格式化
print("{}, My name is John".format("Hi"))
str1 = "This is John. I am learning {} scripting language."
print(str1.format("Python"))


print("Hi, My name is Sara and I am {} years old !!".format(26))
# 复合格式化
str2 = "This is Mary {}. I work at {} Resource department. I am {} years old !!"
print(str2.format("Jacobs", "Human", 30))


print("Hello {}, Nice to meet you. I am {}.".format("Emily", "Jennifer"))
```

运行脚本程序，如下所示。

```
student@ubuntu:~/work$ python3 format_example.py
```

输出如下。

```
Hi, My name is John
This is John. I am learning Python scripting language.
Hi, My name is Sara and I am 26 years old !!
This is Mary Jacobs. I work at Human Resource department. I am 30 years old !!
Hello Emily, Nice to meet you. I am Jennifer.
```

上面的示例程序使用了 string 类的 format() 方法进行字符串格式化。

下面我们学习使用%运算符进行字符串格式化。%运算符包含特殊的格式化符号,以下是一些常用符号。

- %d:十进制整数。
- %s:字符串。
- %f:浮点数。
- %c:字符。

现在我们来看一个示例程序。创建一个脚本,命名为 string_formatting.py,并在其中添加以下代码。

```python
# 基本格式化
a = 10
b = 30
print("The values of a and b are %d %d" % (a, b))
c = a + b
print("The value of c is %d" % c)

str1 = 'John'
print("My name is %s" % str1)

x = 10.5
y = 33.5
z = x * y
print("The value of z is %f" % z)
print()

# 调整
name = 'Mary'
print("Normal: Hello, I am %s !!" % name)
```

```
print("Right aligned: Hello, I am %10s !!" % name)

print("Left aligned: Hello, I am %-10s !!" % name)
print()

# 删除
print("The truncated string is %.4s" % ('Examination'))
print()

# 格式化占位符
students = {'Name' : 'John', 'Address' : 'New York'}
print("Student details: Name:%(Name)s Address:%(Address)s" % students)
```

运行脚本程序,如下所示。

```
student@ubuntu:~/work$ python3 string_formatting.py
The values of a and b are 10 30
The value of c is 40
My name is John
The value of z is 351.750000
Normal: Hello, I am Mary !!
Right aligned: Hello, I am       Mary !!
Left aligned: Hello, I am Mary       !!
 The truncated string is Exam
 Student details: Name:John Address:New York
```

上面的示例程序使用%运算符来格式化字符串:%d 表示十进制整数,%s 表示字符串,%f 表示浮点数。然后将字符串左右对齐,之后使用%运算符截取字符串。%.4s 表示仅显示前 4 个字符。接下来创建了一个字典 students,并输入了 Name 和 Address 键值对。最后将我们的键名放在%运算符之后以获取对应字符串值。

8.3 发送电子邮件

本节我们将学习如何通过 Python 脚本用 Gmail 邮箱发送电子邮件。Python 包含 smtplib 模块,该模块可以提供 SMTP 客户端会话对象,用于将电子邮件发送到任何具有 SMTP 监听器的互联网设施。

下面我们来看一个示例程序,该示例程序会通过 Gmail 邮箱给收件人发送一个包含简单文本的电子邮件。

创建一个脚本，命名为send_email.py，并在其中添加以下代码。

```python
import smtplib
from email.mime.text import MIMEText
import getpass

host_name = 'smtp.gmail.com'
port = 465

u_name = 'username/emailid'
password = getpass.getpass()
sender = 'sender_name'
receivers = ['receiver1_email_address', 'receiver2_email_address']

text = MIMEText('Test mail')
text['Subject'] = 'Test'
text['From'] = sender
text['To'] = ', '.join(receivers)

s_obj = smtplib.SMTP_SSL(host_name, port)
s_obj.login(u_name, password)
s_obj.sendmail(sender, receivers, text.as_string())
s_obj.quit()
print("Mail sent successfully")
```

运行脚本程序，如下所示。

```
student@ubuntu:~/work$ python3 send_text.py
```

输出如下所示。

```
Password:
Mail sent successfully
```

上面的示例程序使用自己的 Gmail ID 给收件人发送了电子邮件。变量 u_name 存储收件人的用户名或电子邮件 ID。变量 password 存储密码，也可以使用 getpass 模块提示输入密码，这里使用提示手动输入密码。sender 变量存储发件人的姓名。现在把这封电子邮件发送给多个收件人，然后添加该电子邮件的主题。之后在 login() 中使用了之前的用户名和密码变量，在 sendmail() 中，给出了发件人、收件人和文本。如此，即可成功发送电子邮件。

现在我们来看一个发送带附件的电子邮件的示例程序。此示例程序将向收件人发送图像，这里依然通过 Gmail 邮箱发送此邮件。创建一个脚本，命名为 send_email_ attachment.py，并在其中添加以下代码。

```python
import os
import smtplib
from email.mime.text import MIMEText
from email.mime.image import MIMEImage
from email.mime.multipart import MIMEMultipart
import getpass

host_name = 'smtp.gmail.com'
port = 465

u_name = 'username/emailid'
password = getpass.getpass()
sender = 'sender_name'
receivers = ['receiver1_email_address', 'receiver2_email_address']

text = MIMEMultipart()
text['Subject'] = 'Test Attachment'
text['From'] = sender
text['To'] = ', '.join(receivers)

txt = MIMEText('Sending a sample image.')
text.attach(txt)

f_path = '/home/student/Desktop/mountain.jpg'
with open(f_path, 'rb') as f:
    img = MIMEImage(f.read())

img.add_header('Content-Disposition',
               'attachment',
               filename=os.path.basename(f_path))

text.attach(img)

server = smtplib.SMTP_SSL(host_name, port)
server.login(u_name, password)
server.sendmail(sender, receivers, text.as_string())
print("Email with attachment sent successfully !!")
server.quit()
```

运行脚本程序，如下所示。

```
student@ubuntu:~/work$ python3 send_email_attachment.py
```

输出如下所示。

```
Password:
Email with attachment sent successfully!!
```

上面的示例程序将图像作为附件发送给收件人。程序指出了发件人和收件人的电子邮件 ID。接下来，在 f_path 中指出了附件图像的文件路径。最后将该图像作为附件发送给收件人。

在前两个示例中，send_email.py 和 send_email_attachment.py 是通过 Gmail 邮箱发送的电子邮件。我们也可以通过其他电子邮件服务发送邮件。如果使用其他电子邮件服务，则只需在 host_name 中写入该服务的名称即可，但不要忘记在它之前添加 smtp。上述示例程序使用了 smtp.gmail.com；对于 Yahoo 可以使用 smtp.mail.yahoo.com。我们可以根据电子邮件服务商更改主机名和端口。

8.4 总结

在本章中，我们学习了标准输入和输出。其中我们学习了 stdin 和 stdout 如何分别作为键盘输入和用户终端来使用，还学习了 input() 和 print() 函数以及使用 format() 方法和 % 运算符格式化字符串。另外，我们还了解了如何通过 Gmail 邮箱向收件人发送电子邮件，其中发送了一封包含简单文本的电子邮件，也发送了包含附件的电子邮件。

在第 9 章中，我们将学习如何在程序中操作 PDF、Excel 和 CSV 等不同类型文件。

8.5 问题

1. stdin 和 input 之间有什么区别？
2. 什么是 SMTP？
3. 以下程序的输出是什么？

```
>>> name = "Eric"
>>> profession = "comedian"
```

```
>>> affiliation = "Monty Python"
>>> age = 25
>>> message = (
...     f"Hi {name}. "
...     f"You are a {profession}. "
...     f"You were in {affiliation}."
... )
>>> message
```

4. 以下程序的输出是什么?

```
str1 = 'Hello'
str2 ='World!'
print('str1 + str2 = ', str1 + str2)
print('str1 * 3 =', str1 * 3)
```

第 9 章 处理不同类型的文件

本章我们将学习如何处理不同类型的文件，如 PDF 文件、Excel 文件、CSV 文件和文本文件，Python 包含处理这些文件的模块，其中涉及如何使用 Python 打开文件、编辑文件以及从这些文件中读取数据。

本章将介绍以下主题。

- 处理 PDF 文件。
- 处理 Excel 文件。
- 处理 CSV 文件。
- 处理文本文件。

9.1 处理 PDF 文件

本节我们将学习如何使用 Python 模块处理 PDF 文件。PDF 是一种广泛使用的文档格式，一般具有扩展名 .pdf。Python 拥有一个名为 PyPDF2 的模块，它在对 PDF 文件进行各种操作时很有用，该模块是第三方 Python 模块。

首先我们需要安装这个模块。在终端中运行以下命令即可安装。

```
pip3 install PyPDF2
```

接下来将介绍一些处理 PDF 文件的方法，如读取 PDF 文件、获取页数、提取文本和旋转 PDF 页面。

9.1.1 读取 PDF 文件并获取页数

本节我们将使用 PyPDF2 模块读取 PDF 文件，另外还将获取该 PDF 文件的页数。该模块的 PdfFileReader() 函数可以用于读取 PDF 文件。现在请确保工作目录中有一个 PDF 文件。在我的系统中，存在一个名为 test.pdf 的文件，本节将使用此文件。这里只需要使用自己的 PDF 文件名代替 test.pdf 即可。

下面我们创建一个脚本，命名为 read_pdf.py，并在其中添加以下代码。

```
import PyPDF2

with open('test.pdf', 'rb') as pdf:
    read_pdf= PyPDF2.PdfFileReader(pdf)
    print("Number of pages in pdf : ", read_pdf.numPages)
```

运行脚本程序，如下所示。

```
student@ubuntu:~/work$ python3 read_pdf.py
```

输出如下所示。

```
Number of pages in pdf :  20
```

上面的示例程序使用了 PyPDF2 模块，接着创建了一个 PDF 文件对象。使用 PdfFileReader() 函数读取创建的 PDF 文件，读取该文件后，程序根据 numPages 属性获取该 PDF 文件的页数。现在我们可以看到，这个 PDF 文件有 20 页。

9.1.2 提取文本

使用 PyPDF2 模块的 extractText() 方法可以提取 PDF 文件的内容。我们创建一个脚本，命名为 extract_text.py，并在其中添加以下代码。

```
import PyPDF2
with open('test.pdf', 'rb') as pdf:
    read_pdf = PyPDF2.PdfFileReader(pdf)
    pdf_page = read_pdf.getPage(1)
    pdf_content = pdf_page.extractText()
    print(pdf_content)
```

运行脚本程序，如下所示。

```
student@ubuntu:~/work$ python3 extract_text.py
```

输出如下所示。

```
3 Python commands
9
3.1 Comments..........................................9
3.2 Numbers and other data types.....................9
3.2.1 The type function.............................9
3.2.2 Strings......................................10
3.2.3 Lists and tuples.............................10
3.2.4 The range function...........................11
3.2.5 Boolean values...............................11
3.3 Expressions.....................................11
3.4 Operators.......................................
```

上面的示例程序创建了一个 `PdfFileReader` 对象，`PdfFileReader` 对象的 `getPage()` 函数以页码（从第 0 个索引开始）作为参数并返回一个页面对象。接着使用 `extractText()` 方法，从 `getPage()` 返回的页面对象中提取文本，页面索引从 0 开始计数。

9.1.3　旋转 PDF 页面

本节我们将了解如何旋转 PDF 页面，这将使用 PDF 对象的 `rotate.Clockwise()` 方法。创建一个脚本，命名为 `rotate_pdf.py`，并在其中添加以下代码。

```python
import PyPDF2

with open('test.pdf', 'rb') as pdf:
    rd_pdf = PyPDF2.PdfFileReader(pdf)
    wr_pdf = PyPDF2.PdfFileWriter()
    for pg_num in range(rd_pdf.numPages):
        pdf_page = rd_pdf.getPage(pg_num)
        pdf_page.rotateClockwise(90)
        wr_pdf.addPage(pdf_page)

    with open('rotated.pdf', 'wb') as pdf_out:
        wr_pdf.write(pdf_out)

print("pdf successfully rotated")
```

运行脚本程序，如下所示。

```
student@ubuntu:~/work$ python3 rotate_pdf.py
```

输出如下所示。

```
pdf successfully rotated
```

上面的示例程序为旋转 PDF 页面，首先创建了 PDF 文件的 `PdfFileReader` 对象。

9.2 处理 Excel 文件

因为旋转的页面将被写入新的 PDF 文件，所以在程序中使用了 PyPDF2 模块的 PdfFileWriter()函数写入 PDF 文件，新的 PDF 文件被命名为 rotate.pdf。脚本程序使用 rotate.Clockwise()方法旋转 PDF 文件中的页面，然后使用 addPage()函数，将页面添加到写入的对象。为了将这些 PDF 页面写入新的 PDF 文件，首先打开一个新文件对象（pdf_out），然后使用 PdfFileWriter 对象的 write()方法，将 PDF 页面写入其中。最后关闭原始文件对象（test.pdf）和新文件对象（pdf_out）。

9.2 处理 Excel 文件

本节我们将学习如何处理扩展名为.xlsx 的 Excel 文件。此文件扩展名表示该文件是 Microsoft Excel 软件使用的开放 XML 电子表格文件格式。

Python 有不同的模块用于处理 Excel 文件：xlrd、Pandas 和 openpyxl。本节我们将使用这 3 个模块处理 Excel 文件。

首先我们来看一个使用 xlrd 模块的示例。xlrd 模块用于读取、写入和修改 Excel 电子表格，以及执行大量其他工作。

9.2.1 使用 xlrd 模块

首先我们需要安装 xlrd 模块。在终端中运行以下命令以安装 xlrd 模块。

pip3 install xlrd

确保系统中存在 Excel 文件。我的系统中有 sample.xlsx，本节内容将使用该文件。

下面我们来看如何读取 Excel 文件，以及如何从 Excel 文件中提取列名。

1．读取 Excel 文件

本节介绍如何读取 Excel 文件，这里使用 xlrd 模块。创建一个脚本，命名为 read_excel.py，并在其中添加以下代码。

```
import xlrd

excel_file = (r"/home/student/sample.xlsx")
book_obj = xlrd.open_workbook(excel_file)
excel_sheet = book_obj.sheet_by_index(0)
```

```
result = excel_sheet.cell_value(0, 1)
print(result)
```

运行脚本程序,如下所示。

```
student@ubuntu:~$ python3 read_excel.py
```

输出如下所示。

```
First Name
```

在上面的示例程序中,导入了 xlrd 模块以读取 Excel 文件,其中还指出了 Excel 文件的位置。然后创建了一个文件对象,并指出了需要读取的单元格的索引,让读取从该索引开始。最后输出读取结果。

2. 提取列名

本节我们将学习从 Excel 文件中提取列名。创建一个脚本,命名为 extract_column_names.py,并在其中添加以下代码。

```
import xlrd

excel_file = ("/home/student/work/sample.xlsx")
book_obj = xlrd.open_workbook(excel_file)
excel_sheet = book_obj.sheet_by_index(0)
excel_sheet.cell_value(0, 0)
for i in range(excel_sheet.ncols):
        print(excel_sheet.cell_value(0, i))
```

运行脚本程序,如下所示。

```
student@ubuntu:~/work$ python3 extract_column_names.py
```

输出如下所示。

```
Id
First Name
Last Name
Gender
Age
Country
```

在上面的示例程序中,使用 ncols 属性从 Excel 文件中提取了列名。

9.2.2 使用 Pandas 模块

在使用 Pandas 模块读取 Excel 文件之前,需要先安装 Pandas 模块。使用以下命令安装 Pandas 模块即可。

pip3 install pandas

 确保系统中存在 Excel 文件。我的系统中有 sample.xlsx，本节内容将使用该文件。

现在我们来看一些使用 Pandas 模块的示例程序。

1．读取 Excel 文件

本节将使用 Pandas 模块读取 Excel 文件。现在来看一个读取 Excel 文件的示例程序。

创建一个脚本，命名为 rd_excel_pandas.py，并在其中添加以下代码。

```
import pandas as pd

excel_file = 'sample.xlsx'
df = pd.read_excel(excel_file)
print(df.head())
```

运行上面的脚本程序，如下所示。

student@ubuntu:~/test$ python3 rd_excel_pandas.py

输出如下所示。

```
   OrderDate    Region  ...  Unit Cost   Total
0  2014-01-09   Central ...     125.00  250.00
1     6/17/15   Central ...     125.00  625.00
2  2015-10-09   Central ...       1.29    9.03
3    11/17/15   Central ...       4.99   54.89
4    10/31/15   Central ...       1.29   18.06
```

在上面的示例程序中，使用 Pandas 模块读取了 Excel 文件。首先导入了 Pandas 模块，然后创建了一个字符串 excel_file 来保存被打开文件的名称，接着创建了一个 df 对象。其中，使用了 Pandas 模块的 read_excel 方法从 Excel 文件中读取数据，数据的索引从 0 开始计数。最后程序输出 Pandas 数据帧。

2．读取 Excel 文件指定列

在使用 Pandas 模块的 read_excel 方法读取 Excel 文件时，我们还可以读取该文件中的指定列，只需在 read_excel 方法中加入 usecols 参数即可读取指定列。

现在我们来看一个读取 Excel 文件指定列的示例程序。创建一个脚本，命名为

rd_excel_pandas1.py,并在其中添加以下代码。

```python
import pandas as pd

excel_file = 'sample.xlsx'
cols = [1, 2, 3]
df = pd.read_excel(excel_file , sheet_names='sheet1', usecols=cols)

print(df.head())
```

运行脚本程序,如下所示。

```
student@ubuntu:~/test$ python3 rd_excel_pandas1.py
```

输出如下所示。

```
    Region     Rep    Item
0  Central   Smith    Desk
1  Central  Kivell    Desk
2  Central    Gill  Pencil
3  Central Jardine  Binder
4  Central Andrews  Pencil
```

在上面的示例程序中,首先导入了 Pandas 模块,然后创建了一个字符串 excel_file 保存文件名,接着定义了变量 cols 并将列索引放入其中。在使用 read_excel 方法读取表格时,还提供了 usecols 参数指定索引来获取指定列。因此运行脚本程序后,我们可以从 Excel 文件中得到指定的列。

我们还可以使用 Pandas 模块对 Excel 文件执行各种其他操作,例如读取有缺失数据的 Excel 文件、跳过特定行以及读取多个 Excel 工作表。

9.2.3　使用 openpyxl 模块

openpyxl 用于读写 xlsx、xlsm、xltx 和 xltm 文件。运行以下命令即可安装 openpyxl 模块。

```
pip3 install openpyxl
```

下面我们来看一些 openpyxl 模块的示例程序。

1. 创建 Excel 文件

本节我们将使用 openpyxl 模块创建 Excel 文件。首先创建一个脚本,命名为 create_excel.py,并在其中添加以下代码。

9.2 处理 Excel 文件

```python
from openpyxl import Workbook

book_obj = Workbook()
excel_sheet = book_obj.active
excel_sheet['A1'] = 'Name'
excel_sheet['A2'] = 'student'
excel_sheet['B1'] = 'age'
excel_sheet['B2'] = '24'

book_obj.save("test.xlsx")
print("Excel created successfully")
```

运行脚本程序,如下所示。

```
student@ubuntu:~/work$ python3 create_excel.py
```

输出如下所示。

```
Excel created successfully
```

现在查看当前工作目录,我们会发现文件 `test.xlsx` 已成功被创建。在上面的示例程序中,首先从 openpyxl 模块中导入 Workbook 类(**Workbook** 是文档所有其他部分的容器)。接下来将引用指向激活的工作表,并在单元格 A1、A2 和 B1、B2 中写入内容。最后使用 `save()` 方法将内容写入 `test.xlsx` 文件。

2. 添加若干值

本节将在 Excel 表格中添加若干值,这里使用 `append()` 方法。接下来将在当前工作表底部添加一组值。首先我们创建一个脚本,命名为 `append_values.py`,并在其中添加以下代码。

```python
from openpyxl import Workbook

book_obj = Workbook()
excel_sheet = book_obj.active
rows = (
    (11, 12, 13),
    (21, 22, 23),
    (31, 32, 33),
    (41, 42, 43)
)
for values in rows:
    excel_sheet.append(values)
    print()
```

```
print("values are successfully appended")
book_obj.save('test.xlsx')wb.save('append_values.xlsx')
```

运行脚本程序，如下所示。

```
student@ubuntu:~/work$ python3 append_values.py
```

输出如下所示。

```
values are successfully appended
```

在上面的示例程序中，向 append_values.xlsx 文件的表格添加了 3 列数据，数据由多个元组构成的元组保存，然后使用 append()方法将其逐行添加到表格。

3．读取多个单元格

本节我们将学习从表格中读取多个单元格，这里使用 openpyxl 模块。首先创建一个脚本，命名为 read_multiple.py，并在其中添加以下代码。

```
import openpyxl

book_obj = openpyxl.load_workbook('sample.xlsx')
excel_sheet = book_obj.active
cells = excel_sheet['A1': 'C6']
for c1, c2, c3 in cells:
        print("{0:6} {1:6} {2:6}".format(c1.value, c2.value, c3.value))
```

运行脚本程序，如下所示。

```
student@ubuntu:~/work$ python3 read_multiple.py
```

输出如下所示。

```
Id      First Name Last Name
   101 John     Smith
   102 Mary     Williams
   103 Rakesh   Sharma
   104 Amit     Roy
   105 Sandra   Ace
```

在上面的示例程序中，使用 active 操作读取了 3 列的数据，然后得到了单元格 A1~C6 的数据。

类似地，我们也可以使用 openpyxl 模块对 Excel 文件进行大量其他操作，例如合并和拆分单元格。

9.3 处理 CSV 文件

CSV 格式代表逗号分隔值（Comma Separated Value），逗号用于分隔数据记录中的字段，此格式通常用于电子表格和数据库导入和导出。

CSV 文件是纯文本文件，它使用特定结构来排列表格数据。Python 有内置的 CSV 模块，可以解析此类文件。CSV 模块主要用于处理从电子表格和数据库导出的文本数据。

CSV 模块的内置函数包含所有可能用到的功能，如下所示。

- `csv.reader()`：此函数返回 reader 对象，该对象迭代访问 CSV 文件的每行内容。
- `csv.writer()`：此函数返回 writer 对象，该对象将数据写入 CSV 文件。
- `csv.register_dialect()`：此函数用于注册 CSV 自定义格式（dialect）。
- `csv.unregister_dialect()`：此函数用于取消注册 CSV 自定义格式。
- `csv.get_dialect()`：此函数返回给定名称的自定义格式。
- `csv.list_dialects()`：此函数返回所有已注册的自定义格式。
- `csv.field_size_limit()`：此函数返回解析器允许的当前最大字段大小。

在本节中仅使用 `csv.reader()` 和 `csv.writer()`。

9.3.1 读取 CSV 文件

这里使用 Python 内置的 CSV 模块处理 CSV 文件，主要是使用 `csv.reader()` 函数读取 CSV 文件。首先我们创建一个脚本，命名为 `csv_read.py`，并在其中添加以下代码。

```
import csv

csv_file = open('test.csv', 'r')
with csv_file:
    read_csv = csv.reader(csv_file)
    for row in read_csv:
        print(row)
```

运行脚本程序，如下所示。

```
student@ubuntu:~$ python3 csv_read.py
```

输出如下所示。

```
['Region', 'Country', 'Item Type', 'Sales Channel', 'Order Priority', 'Order Date', 'Order ID', 'Ship Date', 'Units Sold']
['Sub-Saharan Africa', 'Senegal', 'Cereal', 'Online', 'H', '4/18/2014', '616607081', '5/30/2014', '6593']
['Asia', 'Kyrgyzstan', 'Vegetables', 'Online', 'H', '6/24/2011', '814711606', '7/12/2011', '124']
['Sub-Saharan Africa', 'Cape Verde', 'Clothes', 'Offline', 'H', '8/2/2014', '939825713', '8/19/2014', '4168']
['Asia', 'Bangladesh', 'Clothes', 'Online', 'L', '1/13/2017', '187310731', '3/1/2017', '8263']
['Central America and the Caribbean', 'Honduras', 'Household', 'Offline', 'H', '2/8/2017', '522840487', '2/13/2017', '8974']
['Asia', 'Mongolia', 'Personal Care', 'Offline', 'C', '2/19/2014', '832401311', '2/23/2014', '4901']
['Europe', 'Bulgaria', 'Clothes', 'Online', 'M', '4/23/2012', '972292029', '6/3/2012', '1673']
['Asia', 'Sri Lanka', 'Cosmetics', 'Offline', 'M', '11/19/2016', '419123971', '12/18/2016', '6952']
['Sub-Saharan Africa', 'Cameroon', 'Beverages', 'Offline', 'C', '4/1/2015', '519820964', '4/18/2015', '5430']
['Asia', 'Turkmenistan', 'Household', 'Offline', 'L', '12/30/2010', '441619336', '1/20/2011', '3830']
```

上面的程序使用变量 csv_file 将 test.csv 文件打开，然后使用 csv.reader() 函数将数据提取到 read.csv 对象中，这里通过迭代来访问每行数据。在 9.3.2 节我们将学习第二个函数 csv.writer()。

9.3.2 写入 CSV 文件

本节将使用 csv.writer() 函数向 CSV 文件写入数据。这里将数据存储到 Python 列表中，然后写入 CSV 文件。首先我们创建一个脚本，命名为 csv_write.py，并在其中添加以下代码。

```python
import csv

write_csv = [['Name', 'Sport'], ['Andres Iniesta', 'Football'], ['AB de Villiers', 'Cricket'], ['Virat Kohli', 'Cricket'], ['Lionel Messi', 'Football']]

with open('csv_write.csv', 'w') as csvFile:
    writer = csv.writer(csvFile)
    writer.writerows(write_csv)
    print(write_csv)
```

运行脚本程序，如下所示。

```
student@ubuntu:~$ python3 csv_write.py
```

输出如下所示。

```
[[['Name', 'Sport'], ['Andres Iniesta', 'Football'], ['AB de Villiers', 'Cricket'],
['Virat Kohli', 'Cricket'], ['Lionel Messi', 'Football']]
```

在上面的示例程序中，创建了一个列表 write_csv，其中存储了姓名和运动数据。然后打开新建的 csv_write.csv 文件，并使用 csv.Writer()函数将 write_csv 列表写入其中。

9.4 处理文本文件

纯文本文件存储仅包含字符或字符串的数据，而不考虑任何结构化数据。在 Python 中，不需要导入任何外部库就可以读写文本文件。Python 提供了内置函数来创建、打开、关闭、写入和读取文本文件，我们可以使用不同的访问模式来实现不同类型的操作。

Python 中的文件访问模式如下所示。

- 只读模式（"r"）：此模式用于打开一个文本文件进行读取。如果该文件不存在，则抛出 I/O 错误。此模式也是打开文件的默认模式。
- 读写模式（"r+"）：此模式用于打开一个文本文件进行读取和写入。如果文件不存在，则抛出 I/O 错误。
- 只写模式（"w"）：此模式用于打开一个文本文件进行写入。如果文件不存在，则创建文件；如果已有文件，则覆盖其中的数据。
- 写入和读取模式（"w+"）：此模式用于打开一个文本文件进行读取和写入。如果文件不存在，则创建文件；如果已有文件，则覆盖其中的数据。
- 追加模式（"a"）：此模式用于打开一个文本文件进行写入。如果文件不存在，则创建文件；如果已有文件，则将数据插入现有数据的末尾。
- 追加和读取模式（"a+"）：此模式用于打开一个文本文件进行读取和写入。如果文件不存在，则创建文件；如果已有文件，则写入的数据将插入现有数据的末尾。

9.4.1 open()函数

此函数用于打开文件，并且不需要导入任何外部模块。

语法如下所示。

```
Name_of_file_object = open("Name of file","Access_Mode")
```

上面的语句要求该文件必须与 Python 程序处于同一目录。如果该文件与 Python 程序不在同一目录，那么我们必须在打开文件时指出文件路径。这种情况的语法如下所示。

```
Name_of_file_object = open("/home/.../Name of file","Access_Mode")
```

打开文件

使用 `open()` 函数打开文件 `test.txt`，该文件以追加模式被打开，与 Python 位于同一目录。

```
text_file = open("test.txt","a")
```

在追加模式下，如果文件与 Python 程序不在同一目录中，则必须指出文件路径。

```
text_file = open("/home/.../test.txt","a")
```

9.4.2　close()函数

此函数用于关闭文件，从而释放文件占用的内存。当我们不再需要文件，或打算用不同的模式打开文件时，可以使用此功能。

语法如下所示。

```
Name_of_file_object.close()
```

使用以下代码可以轻松地打开和关闭文件。

```
#打开和关闭 test.txt 文件
text_file = open("test.txt","a")
text_file.close()
```

9.4.3　写入文本文件

首先我们使用 Python 创建一个文本文件（`test.txt`）。在代码中我们可以轻松向文本文件写入数据，若要打开文件进行写入，只需将第二个参数，即访问模式设置为"w"。然后使用 `file handle` 对象的 `write()` 函数将数据写入 `test.txt` 文件。下面创建一个脚本，命名为 `text_write.py`，并在其中添加以下代码。

```
text_file = open("test.txt", "w")
```

```
text_file.write("Monday\nTuesday\nWednesday\nThursday\nFriday\nSaturday\n")
text_file.close()
```

运行上面的脚本程序,输出如图 9-1 所示。

图 9-1　程序输出

现在查看当前工作目录,我们可以找到已经创建的 test.txt 文件。查看文件内容,会发现在 write() 函数中写入的日期已保存在 test.txt 中。

上面的程序声明了变量 text_file 来打开 test.txt 文件。Open() 函数有两个参数:第一个是要打开的文件,第二个是执行文件操作的访问模式。在程序中,我们在函数的第二个参数中使用了"w",表示只写模式。最后使用 text_file.close() 来关闭 test.txt 文件的实例。

9.4.4　读取文本文件

读取文件就像对文件进行写入一样简单。如果我们要打开文件进行读取,只需将第二个参数,即访问模式设置为"r"而不是"w"。接着使用 file handle 对象的 read() 函数从此文件中读取数据。下面我们创建一个名为 text_read.py 的脚本,并在其中添加以下代码。

```
text_file = open("test.txt", "r")
data = text_file.read()
print(data)
text_file.close()
```

进行脚本程序,输出如下。

```
student@ubuntu:~$ python3 text_read.py
Monday
Tuesday
Wednesday
Thursday
Friday
Saturday
```

在上面的程序中,声明了变量 text_file 来打开文件 test.txt。open() 函数有两个参数:第一个是要打开的文件,第二个是执行文件操作的访问模式。函数的第二个参数使用了"r",表示只读模式。然后使用 text_file.close() 来关闭 test.txt 文件的实例。运行该 Python 程序后,我们可以在终端看到文本文件中的内容。

9.5 总结

在本章中，我们学习了如何处理不同类型的文件，包括处理 PDF、Excel、CSV 和文本文件，我们还使用 Python 模块对不同类型的文件执行了特定操作。

在第 10 章中，我们将学习 Python 中的基本网络操作和网络模块。

9.6 问题

1. readline()和readlines()有什么区别？
2. open()和with open()有什么区别？
3. 标识符 r 的意义是什么？
4. 什么是生成器对象？
5. pass 的用途是什么？
6. 什么是 lambda 表达式？

第 10 章
网络基础——套接字编程

本章我们将学习套接字（socket）和 3 种 Internet 模块：`http`、`ftplib` 和 `urllib`，还将了解 Python 中用于网络的 `socket` 模块。其中，http 是处理**超文本传输协议（HTTP）**的程序包，`ftplib` 模块用于执行与 FTP 相关的自动化工作，`urllib` 是处理与 URL 相关的工作的程序包。

本章将介绍以下主题。

- 套接字。
- `http` 程序包。
- `ftplib` 模块。
- `urllib` 程序包。

10.1 套接字

本节我们学习网络套接字，这里使用 Python 的 socket 模块。套接字是通信的接口，包括本地通信和互联网通信。socket 模块有一个 socket 类，用于处理数据通道，它还包含一些处理网络相关任务的函数。我们要使用 socket 模块的函数，首先需要导入 socket 模块。

我们来看如何创建套接字。socket 类有一个 socket 函数，它有两个参数：`address_family` 和 `socket type`。

语法如下所示。

```
import socket
s = socket.socket(address_family, socket type)
```

`address_family` 控制 OSI 网络层协议。

`socket type` 控制 OSI 传输层协议。

Python 支持 3 种 address_family：`AF_INET`、`AF_INET6` 和 `AF_UNIX`，其中常用的是 `AF_INET`，用于互联网 IP 地址；`AF_INET6` 用于 IPv6 地址；`AF_UNIX` 用于 **UNIX 域套接字**（UDS），这是一种进程间通信协议。

同时，Python 也支持两种 socket type：`SOCK_DGRAM` 和 `SOCK_STREAM`。`SOCK_DGRAM` 类型用于面向消息的数据报传输，这与 UDP 有关，数据报套接字使用相互独立的消息。`SOCK_STREAM` 用于面向流的传输，这与 TCP 有关，流式套接字的客户端和服务器之间使用字节流传输数据。

套接字还可以配置为服务器套接字和客户端套接字。当两个 TCP/IP 套接字连接后，通信是双向的。现在我们来看客户端—服务器通信的示例程序。首先创建两个脚本：`server.py` 和 `client.py`。

脚本 `server.py` 如下所示。

```python
import socket

host_name = socket.gethostname()
port = 5000
s_socket = socket.socket()
s_socket.bind((host_name, port))
s_socket.listen(2)

conn, address = s_socket.accept()
print("Connection from: " + str(address))

while True:
        recv_data = conn.recv(1024).decode()
        if not recv_data:
                break
        print("from connected user: " + str(recv_data))
        recv_data = input(' -> ')
        conn.send(recv_data.encode())
conn.close()
```

现在编写客户端脚本，脚本 `client.py` 如下所示。

```python
import socket
```

```python
host_name = socket.gethostname()
port = 5000

c_socket = socket.socket()
c_socket.connect((host_name, port))
msg = input(" -> ")

while msg.lower().strip() != 'bye':
    c_socket.send(msg.encode())
    recv_data = c_socket.recv(1024).decode()
    print('Received from server: ' + recv_data)
    msg = input(" -> ")
c_socket.close()
```

现在我们将在两个不同的终端中分别运行这两个脚本，在第一个终端中运行 server.py，在第二个终端中运行 client.py。

输出如表 10-1 所示。

表 10-1　　　　　　　　　　　　套接字通信脚本

终端 1: python3 server.py	终端 2: python3 client.py
student@ubuntu:~/work$ python3 server.py Connection from: ('127.0.0.1', 35120) from connected user: Hello from client -> Hello from server !	student@ubuntu:~/work$ python3 client.py -> Hello from client Received from server: Hello from server ! ->

10.2　http 程序包

本节我们将学习 http 程序包。http 程序包有以下 4 个模块。

- http.client：一个低层次的 HTTP 客户端。
- http.server：包含基本的 HTTP 服务器类。
- http.cookies：使用 cookie 实现状态管理。
- http.cookiejar：该模块提供 cookie 持久性。

下面我们主要学习 http.client 和 http.server 模块。

10.2.1 http.client 模块

接下来我们将学习两种 HTTP 客户端请求方式：GET 和 POST。其中包括如何建立 HTTP 连接。

首先我们来看建立 HTTP 连接的示例程序。创建一个脚本，命名为 make_connection.py，并在其中添加以下代码。

```python
import http.client

con_obj = http.client.HTTPConnection('Enter_URL_name', 80, timeout=20)
print(con_obj)
```

运行脚本程序，输出如下所示。

```
student@ubuntu:~/work$ python3 make_connection.py
<http.client.HTTPConnection object at 0x7f2c365dd898>
```

上面的示例程序与指定 URL 的端口 80 建立了连接，并设置了超时时间。

现在我们来看 HTTP 的 GET 请求方式。下面的示例程序使用 GET 请求获取响应状态码以及响应头列表。创建一个脚本，命名为 get_example.py，并在其中添加以下代码。

```python
import http.client

con_obj = http.client.HTTPSConnection("www.baidu.com")
con_obj.request("GET", "/")
response = con_obj.getresponse()

print("Status: {}".format(response.status))

headers_list = response.getheaders()
print("Headers: {}".format(headers_list))

con_obj.close()
```

运行脚本程序，如下所示。

```
student@ubuntu:~/work$ python3 get_example.py
```

上面的示例程序使用了 HTTPSConnection 方法，因为网站是使用 HTTPS 来通信的。当然我们也可以使用 HTTPSConnection 或 HTTPConnection，具体取决于想要打开的网站。程序指定了一个 URL，之后使用 request() 检查了连接对象状态，然后获取了一个 headers 列表。headers 列表包含从服务器返回的数据信息。getheaders() 方法用于获取 headers 列表。

接下来是一个 POST 请求的示例程序，使用 HTTP POST 请求可以向 URL 对应的网站发送数据。我们创建一个脚本，命名为 post_example.py，并在其中添加以下代码。

```python
import http.client
import json

con_obj = http.client.HTTPSConnection('www.httpbin.org')
headers_list = {'Content-type': 'application/json'}
post_text = {'text': 'Hello World !!'}
json_data = json.dumps(post_text)
con_obj.request('POST', '/post', json_data, headers_list)
response = con_obj.getresponse()
print(response.read().decode())
```

运行脚本程序，如下所示。

```
student@ubuntu:~/work$ python3 post_example.py
```

输出如下所示。

```
{
  "args": {},
  "data": "{\"text\": \"Hello World !!\"}",
  "files": {},
  "form": {},
  "headers": {
    "Accept-Encoding": "identity",
    "Connection": "close",
    "Content-Length": "26",
    "Content-Type": "application/json",
    "Host": "www.httpbin.org"
  },
  "json": {
    "text": "Hello World !!"
  },
  "origin": "1.186.106.115",
  "url": "https://www.httpbin.org/post"
}
```

上面的示例程序首先创建了一个 HTTPSConnection 对象。接着创建了一个 post_text

对象，用于发布消息：Hello World!!。最后提交一个 POST 请求，并收到了网站的响应。

10.2.2　http.server 模块

本节我们将学习 http 程序包中的另一个模块：http.server。此模块包含实现 HTTP 服务器的类，它有两种方法：GET 和 HEAD。使用此模块可以通过网络共享文件，也可以在任何端口上运行 HTTP 服务器，只需要确保端口号大于 1024 即可。该模块默认端口号为 8000。

使用 http.server 的方法如下所示。

首先，我们进入一个文件夹，并运行以下命令。

```
student@ubuntu:~/Desktop$ python3 -m http.server 9000
```

现在打开浏览器并在地址栏中写入 localhost:9000，然后按 Enter 键。输出如下所示。

```
student@ubuntu:~/Desktop$ python3 -m http.server 9000
Serving HTTP on 0.0.0.0 port 9000 (http://0.0.0.0:9000/) ...
127.0.0.1 - - [23/Nov/2018 16:08:14] code 404, message File not found
127.0.0.1 - - [23/Nov/2018 16:08:14] "GET /Downloads/ HTTP/1.1" 404 -
127.0.0.1 - - [23/Nov/2018 16:08:14] code 404, message File not found
127.0.0.1 - - [23/Nov/2018 16:08:14] "GET /favicon.ico HTTP/1.1" 404 -
127.0.0.1 - - [23/Nov/2018 16:08:21] "GET / HTTP/1.1" 200 -
127.0.0.1 - - [23/Nov/2018 16:08:21] code 404, message File not found
127.0.0.1 - - [23/Nov/2018 16:08:21] "GET /favicon.ico HTTP/1.1" 404 -
127.0.0.1 - - [23/Nov/2018 16:08:26] "GET /hello/ HTTP/1.1" 200 -
127.0.0.1 - - [23/Nov/2018 16:08:26] code 404, message File not found
127.0.0.1 - - [23/Nov/2018 16:08:26] "GET /favicon.ico HTTP/1.1" 404 -
127.0.0.1 - - [23/Nov/2018 16:08:27] code 404, message File not found
127.0.0.1 - - [23/Nov/2018 16:08:27] "GET /favicon.ico HTTP/1.1" 404 -
```

10.3　ftplib 模块

Python 中的 ftplib 模块提供了执行各种 FTP 操作所需的函数。ftplib 模块包含 FTP 客户端类，以及一些辅助函数。使用此模块可以轻松连接到 FTP 服务器，以检索多个文件，并进行相关处理。导入 ftplib 模块即可使用它提供的功能。

本节介绍如何使用 ftplib 模块进行 FTP 传输，后续我们将看到各种 FTP 对象。

10.3.1 下载文件

本节我们将学习如何使用 ftplib 模块从 FTP 服务器下载文件。创建一个脚本,命名为 get_ftp_files.py,并在其中添加以下代码。

```
import os
from ftplib import FTP


ftp = FTP('your-ftp-domain-or-ip')
with ftp:
    ftp.login('your-username','your-password')
    ftp.cwd('/home/student/work/')
    files = ftp.nlst()
    print(files)
    # 打印文件
    for file in files:
        if os.path.isfile(file):
            print("Downloading..." + file)
            ftp.retrbinary("RETR " + file ,open("/home/student/testing/" + file, 'wb').write)

ftp.close()
```

运行脚本程序,如下所示。

```
student@ubuntu:~/work$ python3 get_ftp_files.py
```

输出如下所示。

```
Downloading...hello
Downloading...hello.c
Downloading...sample.txt
Downloading...strip_hello
Downloading...test.py
```

上面的示例程序使用 ftplib 模块从 FTP 服务器检索了多个文件。首先指出了 FTP 服务器的 IP 地址、用户名和密码。这里使用 ftp.nlst() 函数从 FTP 服务器获取文件列表,并使用 ftp.retrbinary() 函数将这些文件下载到本地。

10.3.2 使用 getwelcome() 获取欢迎信息

建立初始连接后,FTP 服务器通常会返回欢迎消息。此消息可以使用 getwelcome() 函数来获取,消息内容有时也包括可能与用户相关的免责声明或其他有用信息。

下面是使用 getwelcome() 函数的示例程序。我们创建一个脚本,命名为 get_

welcome_msg.py，并在其中添加以下代码。

```
from ftplib import FTP

ftp = FTP('your-ftp-domain-or-ip')
ftp.login('your-username','your-password')

welcome_msg = ftp.getwelcome()
print(welcome_msg)

ftp.close()
```

运行脚本程序，输出如下所示。

```
student@ubuntu:~/work$ python3 get_welcome_msg.py
220 (vsFTPd 3.0.3)
```

上面的程序指出了 FTP 服务器的 IP 地址、用户名和密码，接着使用 `getwelcome()` 函数获取在建立初始连接后返回的欢迎信息。

10.3.3 使用 sendcmd()向服务器发送命令

本节我们将学习 `sendcmd()` 函数。可以使用 `sendcmd()` 函数向服务器发送一个包含简单命令的字符串，并获取一个包含响应信息的字符串。从客户端可以发送 STAT、PWD、RETR 和 STOR 等 FTP 命令，ftplib 模块的 `sendcmd()` 函数或 `voidcmd()` 函数用于发送这些命令。比如，发送 STAT 命令可以检查服务器的状态。

创建一个脚本，命名为 `send_command.py`，并在其中添加以下代码。

```
from ftplib import FTP

ftp = FTP('your-ftp-domain-or-ip')
ftp.login('your-username','your-password')

ftp.cwd('/home/student/')
s_cmd_stat = ftp.sendcmd('STAT')
print(s_cmd_stat)
print()

s_cmd_pwd = ftp.sendcmd('PWD')
print(s_cmd_pwd)
print()

ftp.close()
```

运行脚本程序，如下所示。

`student@ubuntu:~/work$ python3 send_command.py`

输出如下所示。

```
211-FTP server status:
     Connected to ::ffff:192.168.2.109
     Logged in as student
  TYPE: ASCII
     No session bandwidth limit
     Session timeout in seconds is 300
     Control connection is plain text
     Data connections will be plain text
     At session startup, client count was 1
     vsFTPd 3.0.3 - secure, fast, stable
211 End of status

257 "/home/student" is the current directory
```

上面的程序指出了 FTP 服务器的 IP 地址、用户名和密码，接着使用 `sendcmd()` 函数将 STAT 命令发送到 FTP 服务器，然后使用 `sendcmd()` 函数发送了 PWD 命令。

10.4 urllib 程序包

与 http 一样，urllib 也是一个包含各种处理 URL 工具模块的程序包。Urllib 程序包允许开发者通过脚本访问不同网站，它还可以用于下载数据、解析数据和编辑 HTTP 报头等。

urllib 包含几个模块，如下所示。

- `urllib.request`：用于打开和读取 URL。
- `urllib.error`：包含 `urllib.request` 抛出的异常。
- `urllib.parse`：用于解析 URL。
- `urllib.robotparser`：用于解析 `robots.txt` 文件。

本节我们将学习如何使用 urllib 打开 URL，以及如何读取 HTML 文件。下面是一个使用 urllib 的简单示例程序。首先导入 `urllib.requests`，然后将 URL 存储到变量 x，接着使用 `read()` 函数从 URL 中读取数据。

创建一个脚本，命名为 url_requests_example.py，并在其中添加以下代码。

```
import urllib.request

x = urllib.request.urlopen('https://www.baidu.com/')
print(x.read())
```

运行脚本程序，如下所示。

```
student@ubuntu:~/work$ python3 url_requests_example.py
```

上面的示例程序使用了 read()函数，该函数返回字节数组。最后以让人无法读懂的格式输出百度主页的 HTML 数据，但我们可以使用 HTML 解析器从中提取一些有用的信息。

Python urllib 响应头

我们可以通过调用响应对象的 info()函数来获取响应头。这个函数会返回一个字典，我们可以从字典中提取特定的响应头数据。创建一个脚本，命名为 url_response_header.py，并在其中添加以下代码。

```
import urllib.request

x = urllib.request.urlopen('https://www.baidu.com/')
print(x.info())
```

运行脚本程序，如下所示。

```
student@ubuntu:~/work$ python3 url_response_header.py
```

10.5 总结

在本章中，我们学习了用于客户端—服务器双向通信的套接字，还了解了 3 种 Internet 模块：http、ftplib 和 urllib。其中，http 程序包中包含客户端模块和服务器模块：http.client 和 http.server。最后我们使用 ftplib 模块从 FTP 服务器下载了文件，还获取了 FTP 服务器的欢迎消息并发送了 FTP 命令。

下一章我们将学习创建和发送电子邮件，其中会学习消息格式及如何添加多媒体内容。此外还将学习 POP3 和 IMAP 服务器。

10.6 问题

1. 什么是套接字编程？
2. 什么是 RPC？
3. 导入用户定义的模块或文件，有哪些方法？
4. 列表和元组之间有什么区别？
5. 我们可以在字典中使用重复的键吗？
6. `urllib`、`urllib2` 和 `requests` 模块之间有什么区别？

第 11 章
使用 Python 脚本处理电子邮件

本章我们将学习如何使用 Python 脚本来处理电子邮件。首先,我们将学习电子邮件消息格式,并使用 `smtplib` 模块发送和接收电子邮件。然后将学习使用 Python 的 Email 程序包发送带附件和 HTML 内容的电子邮件。最后将学习电子邮件的不同协议。

本章将介绍以下主题。

- 邮件消息格式。
- 添加 HTML 和多媒体内容。
- POP3 和 IMAP 服务器。

11.1 邮件消息格式

本节我们将学习电子邮件的消息格式。电子邮件包含 3 个主要组件,如下所示。

- 收件人的邮件地址。
- 发件人的邮件地址。
- 消息。

消息中还包括其他组件,例如主题行、电子邮件签名和附件等。

下面是一个简单的示例程序,它通过 Gmail 邮箱发送纯文本电子邮件,我们可以从中了解如何编写电子邮件并发送邮件。现在创建一个脚本,命名为 `write_email_message.py`,并在其中添加以下代码。

```
import smtplib
```

```
import getpass

host_name = "smtp.gmail.com"
port = 465

sender = 'sender_emil_id'
receiver = 'receiver_email_id'
password = getpass.getpass()

msg = """\
Subject: Test Mail
Hello from Sender !!"""

s = smtplib.SMTP_SSL(host_name, port)
s.login(sender, password)
s.sendmail(sender, receiver, msg)
s.quit()

print("Mail sent successfully")
```

运行脚本程序，如下所示。

```
student@ubuntu:~/work/Chapter_11$ python3 write_email_message.py
```

输出如下。

```
Password:
Mail sent successfully
```

上面的示例程序使用 Python 的 smtplib 模块发送了电子邮件。首先确认是通过 Gmail 邮箱向收件人发送电子邮件。变量 sender 保存发件人的电子邮件地址。变量 password 中，可以直接输入密码，也可以使用 getpass 模块在运行时提示输入密码，这里使用 getpass 提示输入密码。接下来创建了一个变量 msg，它存储了电子邮件消息的内容，其中首先指出了邮件主题，然后是将要发送的消息正文。然后，在 login() 函数中，传入了 sender 和 password 变量。之后在 sendmail() 函数中，传入了 sender、receivers 和 msg 变量。如此，就可成功发送电子邮件。

11.2 添加 HTML 和多媒体内容

本节我们将了解如何添加 HTML 内容，以及如何将多媒体内容作为附件发送。这里使用 Python 的 Email 程序包。

首先我们来看如何添加 HTML 内容。创建一个脚本，命名为 add_html_content.py，并在其中添加以下代码。

```python
import os
import smtplib
from email.mime.text import MIMEText
from email.mime.multipart import MIMEMultipart
import getpass

host_name = 'smtp.gmail.com'
port = 465

sender = 'sender_emailid'
password = getpass.getpass()
receiver = 'receiver_emailid'

text = MIMEMultipart()
text['Subject'] = 'Test HTML Content'
text['From'] = sender
text['To'] = receiver

msg = """\
<html>
  <body>
    <p>Hello there, <br>
       Good day !!<br>
       <a href="http://www.baidu.com">Home</a>
    </p>
  </body>
</html>
"""

html_content = MIMEText(msg, "html")
text.attach(html_content)
s = smtplib.SMTP_SSL(host_name, port)
print("Mail sent successfully !!")

s.login(sender, password)
s.sendmail(sender, receiver, text.as_string())
s.quit()
```

运行脚本程序，如下所示。

```
student@ubuntu:~/work/Chapter_11$ python3 add_html_content.py
```

输出如下。

```
Password:
Mail sent successfully !!
```

在上面的示例程序中,使用了 Email 程序包发送包含 HTML 内容的消息。其中的 msg 变量用于存储 HTML 内容。

现在我们来学习如何添加附件,并通过 Python 脚本发送带附件的电子邮件。创建一个脚本,命名为 add_attachment.py,并在其中添加以下代码。

```
import os
import smtplib
from email.mime.text import MIMEText
from email.mime.image import MIMEImage
from email.mime.multipart import MIMEMultipart
import getpass

host_name = 'smtp.gmail.com'
port = 465

sender = 'sender_emailid'
password = getpass.getpass()
receiver = 'receiver_emailid'

text = MIMEMultipart()
text['Subject'] = 'Test Attachment'
text['From'] = sender
text['To'] = receiver

txt = MIMEText('Sending a sample image.')
text.attach(txt)
f_path = 'path_of_file'
with open(f_path, 'rb') as f:
    img = MIMEImage(f.read())
img.add_header('Content-Disposition',
               'attachment',
               filename=os.path.basename(f_path))

text.attach(img)
s = smtplib.SMTP_SSL(host_name, port)
print("Attachment sent successfully !!")
s.login(sender, password)
s.sendmail(sender, receiver, text.as_string())
```

```
s.quit()
```

运行脚本程序,如下所示。

```
student@ubuntu:~/work/Chapter_11$ python3 add_attachment.py
```

输出如下。

```
Password:
Attachment sent successfully !!
```

上面的示例程序中,首先给出了发件人和收件人的电子邮件 ID。然后在 f_path 中,给出了作为附件发送的图像的文件路径。最后将该图像作为附件发送给收件人。

11.3 POP3 和 IMAP 服务器

本节我们将学习如何通过 POP3 和 IMAP 服务器接收电子邮件。Python 提供了 poplib 和 imaplib 模块,用于通过 Python 脚本接收电子邮件。

11.3.1 使用 poplib 模块接收电子邮件

POP3 代表邮局协议版本 3(Post Office Protocol version 3)。此标准协议可帮助我们接收从远程服务器发送到本地计算机的电子邮件。POP3 的主要优点是允许将电子邮件下载到本地计算机上,从而可以离线阅读下载的电子邮件。

POP3 使用两个端口。

- 端口 110:默认的不加密端口。
- 端口 995:加密端口。

现在我们来看一些示例程序,首先是一个接收大量电子邮件的示例程序。创建一个脚本,命名为 number_of_emails.py,并在其中添加以下代码。

```
import poplib
import getpass

pop3_server = 'pop.gmail.com'
username = 'Emaild_address'
password = getpass.getpass()

email_obj = poplib.POP3_SSL(pop3_server)
```

```
print(email_obj.getwelcome())
email_obj.user(username)
email_obj.pass_(password)
email_stat = email_obj.stat()
print("New arrived e-Mails are : %s (%s bytes)" % email_stat)
```

运行脚本程序,如下所示。

```
student@ubuntu:~$ python3 number_of_emails.py
```

程序输出的是邮箱中相当数量的电子邮件。

上面的示例首先导入 poplib 模块,该模块在 Python 中通过 POP3 安全地接收电子邮件。然后,指定了具体的电子邮件服务器和电子邮件证书,即用户名和密码。之后输出来自服务器的响应消息,并向 POP3 SSL 服务器提供用户名和密码。登录后,程序会收到邮箱统计信息,并在终端输出多封电子邮件。

首先,我们编写一个脚本来获取最新的电子邮件。创建一个脚本,命名为 latest_email.py,并在其中添加以下代码。

```
import poplib
import getpass

pop3_server = 'pop.gmail.com'
username = 'Emaild_address'
password = getpass.getpass()

email_obj = poplib.POP3_SSL(pop3_server)
print(email_obj.getwelcome())
email_obj.user(username)
email_obj.pass_(password)

print("\nLatest Mail\n")
latest_email = email_obj.retr(1)
print(latest_email[1])
```

运行脚本程序,如下所示。

```
student@ubuntu:~$ python3 latest_email.py
```

这将获取最近收到的邮件。

在上面的示例程序中,导入了 Python 中的 poplib 模块,并通过 POP3 安全地接收电子邮件。在给出指定的电子邮件服务器以及用户名和密码后,程序输出了来自服务器的响应消息,并向 POP3 SSL 服务器提供用户名和密码,然后从邮箱中获取最新的电子邮件。

然后,编写一个脚本来获取所有电子邮件。创建一个脚本 all_emails.py,并在其中添加以下代码。

```python
import poplib
import getpass

pop3_server = 'pop.gmail.com'
username = 'Emaild_address'
password = getpass.getpass()

email_obj = poplib.POP3_SSL(pop3_server)
print(email_obj.getwelcome())
email_obj.user(username)
email_obj.pass_(password)

email_stat = email_obj.stat()
NumofMsgs = email_stat[0]
for i in range(NumofMsgs):
    for mail in email_obj.retr(i+1)[1]:
        print(mail)
```

运行脚本程序,如下所示。

```
student@ubuntu:~$ python3 latest_email.py
```

这将获取邮箱中所有电子邮件。

11.3.2 使用 imaplib 模块接收电子邮件

IMAP 代表 Internet 消息访问协议(Internet Message Access Protocol),它通过本地计算机访问远程服务器上的电子邮件。IMAP 允许多个客户端同时访问服务器上用户的电子邮件。当用户需要在不同客户端访问电子邮件时,更适合用 IMAP 完成这类操作。

IMAP 使用两个端口。

- 端口 143:默认的不加密端口。
- 端口 993:加密端口。

现在我们来看一个使用 imaplib 模块的示例程序。创建一个脚本,命名为 imap_email.py,并在其中添加以下代码。

```python
import imaplib
import pprint
import getpass

imap_server = 'imap.gmail.com'
username = 'Emaild_address'
password = getpass.getpass()

imap_obj = imaplib.IMAP4_SSL(imap_server)
imap_obj.login(username, password)
imap_obj.select('Inbox')
temp, data_obj = imap_obj.search(None, 'ALL')
for data in data_obj[0].split():
    temp, data_obj = imap_obj.fetch(data, '(RFC822)')
    print('Message: {0}\n'.format(data))
    pprint.pprint(data_obj[0][1])
    break

imap_obj.close()
```

运行脚本程序，如下所示。

```
student@ubuntu:~$ python3 imap_email.py
```

这将在指定文件夹中获取所有电子邮件。

在上面的示例程序中，首先导入了 imaplib 模块，该模块可以通过 IMAP 安全地接收电子邮件。然后，指定了电子邮件服务器和电子邮件证书，即用户名和密码。之后将该用户名和密码提供给 IMAP SSL 服务器。其中，在 imap_obj 上使用 select() 函数来显示收件箱中的所有邮件。然后使用 for 循环来逐个显示邮件消息。其中使用 pprint() 函数格式化对象，并将其写入数据流。最后，程序关闭了连接。

11.4 总结

在本章中，我们学习了如何在 Python 脚本中编写电子邮件消息，并且了解了 Python 的 smtplib 模块，该模块可以使用 Python 脚本发送和接收电子邮件。还了解了如何通过 POP3 和 IMAP 接收电子邮件。Python 提供了 poplib 和 imaplib 模块，我们可以使用它们完成相关操作。

在第 12 章中，我们将学习 Telnet 和 SSH。

11.5 问题

1. 什么是 POP3 和 IMAP？
2. 什么是 `for` 循环中的 `break` 和 `continue`？举例说明。
3. 什么是 `pprint`？
4. 什么是负索引，为什么要使用负索引？
5. 文件扩展名 pyc 和 py 有什么区别？
6. 使用循环语句生成以下文本。

```
1010101
 10101
  101
   1
```

第 12 章 通过 Telnet 和 SSH 远程控制主机

在本章中，我们将学习如何在拥有 Telnet 和 SSH 功能的服务器上执行基本配置。首先我们会使用 Telnet 协议进行操作，之后使用 Python 中的不同模块执行 SSH，实现同样的配置。我们还将了解 telnetlib、subprocess、fabric、paramiko 和 netmiko 模块的工作原理。学习本章，我们必须具备网络基础知识。

本章将介绍以下主题。

- telnetlib 模块。
- subprocess 模块。
- 使用 fabric 模块执行 SSH。
- 使用 paramiko 模块执行 SSH。
- 使用 netmiko 模块执行 SSH。

12.1 telnetlib 模块

本节我们将了解 Telnet 协议，然后通过 telnetlib 模块在远程服务器上执行 Telnet 操作。

Telnet 是一种允许用户与远程服务器通信的网络协议，它经常被网络管理员用来远程访问和管理设备。在终端中运行 Telnet 命令，并给出远程服务器的 IP 地址或主机名，即可访问远程设备。

Telnet 基于 TCP，默认端口号为 23。首先请确保它已安装在我们的系统上，如果没有安装，运行以下命令进行安装。

```
$ sudo apt-get install telnetd
```

要使用简单的终端运行 Telnet，只需要输入以下命令。

```
$ telnet ip_address_of_your_remote_server
```

通过 Python 的 `telnetlib` 模块可以在 Python 脚本中实现 Telnet 功能。在使用 Telnet 连接远程设备或路由器之前，请确保已正确配置它们，如果没有，则可以在路由器终端中运行以下命令进行基本配置。

```
configure terminal
enable password 'set_Your_password_to_access_router'
username 'set_username' password 'set_password_for_remote_access'
line vty 0 4
login local
transport input all
interface f0/0
ip add 'set_ip_address_to_the_router' 'put_subnet_mask'
no shut
end
show ip interface brief
```

现在我们来看一个使用 Telnet 连接远程设备的示例程序。创建一个脚本，命名为 `telnet_example.py`，并在其中写入以下代码。

```python
import telnetlib
import getpass
import sys

HOST_IP = "your host ip address"
host_user = input("Enter your telnet username: ")
password = getpass.getpass()

t = telnetlib.Telnet(HOST_IP)
t.read_until(b"Username:")
t.write(host_user.encode("ascii") + b"\n")
if password:
    t.read_until(b"Password:")
    t.write(password.encode("ascii") + b"\n")

t.write(b"enable\n")
t.write(b"enter_remote_device_password\n")  #远程设备的密码
```

```
t.write(b"conf t\n")
t.write(b"int loop 1\n")
t.write(b"ip add 10.1.1.1 255.255.255.255\n")
t.write(b"int loop 2\n")
t.write(b"ip add 20.2.2.2 255.255.255.255\n")
t.write(b"end\n")
t.write(b"exit\n")
print(t.read_all().decode("ascii") )
```

运行脚本程序,如下所示。

```
student@ubuntu:~$ python3 telnet_example.py
```

输出如下。

```
Enter your telnet username: student
Password:

server>enable
Password:
server#conf t
Enter configuration commands, one per line.  End with CNTL/Z.
server(config)#int loop 1
server(config-if)#ip add 10.1.1.1 255.255.255.255
server(config-if)#int loop 23
server(config-if)#ip add 20.2.2.2 255.255.255.255
server(config-if)#end
server#exit
```

上面的示例程序使用 telnetlib 模块访问和配置了 Cisco 路由器。首先从用户那里获取用户名和密码,以初始化与远程设备的 Telnet 连接。建立连接后,在远程设备上进行了进一步配置。远程登录后,用户将能够访问远程服务器或设备,但是这个 Telnet 协议有一个非常严重的缺点,即所有数据,包括用户名和密码都是以明文方式通过网络发送的,这会有安全风险。因此,现在我们很少使用 Telnet,并且它被一个非常安全的协议 Secure Shell 所取代,简称 SSH。

SSH

SSH 是一种网络协议,用于远程访问,并管理一个或多个设备。SSH 使用公钥加密来实现安全性。Telnet 和 SSH 之间的重要区别在于 SSH 使用加密,这意味着通过网络传输的所有 SSH 数据都可以防止未经授权的实时拦截。

访问远程服务器或设备的用户需要安装 SSH 客户端。在终端中运行以下命令来安装 SSH。

```
$ sudo apt install ssh
```

另外，在用户想要通信的远程服务器上，也需要安装并运行 SSH 服务器。SSH 基于 TCP，默认端口号为 22。

在终端运行 ssh 命令以连接远程服务器，如下所示。

```
$ ssh host_name@host_ip_address
```

接下来我们将学习使用 Python 中的不同模块来执行 SSH，这些模块分别是 subprocess、fabric、Netmiko 和 Paramiko。现在，逐一来看这些模块。

12.2 subprocess 模块

Popen 类用于创建和管理进程，使用此类可以让开发人员处理不太常见的情况，子程序将在新进程中被执行完成。在 UNIX/Linux 中执行子程序，该类会使用 os.execvp() 函数。而在 Windows 中执行子程序，该类将使用 CreateProcess() 函数。

现在，我们来看一下 subprocess.Popen() 的一些常用参数。

```
class subprocess.Popen(args, bufsize=0, executable=None,stdin=None,
stdout=None, close_fds=False, shell=False, universal_newlines=False,
stderr=None, preexec_fn=None,cwd=None, env=None, startupinfo=None, creationflags=0)
```

各个参数如下所示。

- args：它可以是一系列程序参数或单个字符串。如果 args 是一个序列，则 args 中的第一项将作为程序被执行。如果 args 是一个字符串，则会将 args 作为序列传递。

- bufsize：如果 bufsize 为 0（默认情况下为 0），则表示无缓冲。如果 bufsize 为 1，则表示行缓冲。如果 bufsize 是任何其他正值，则使用给定大小的缓冲区。如果 bufsize 是任何其他负值，则表示完全缓冲。

- executable：指定替换程序。

- stdin、stdout 和 stderr：这些参数分别定义标准输入、标准输出和标准错误。

- close_fds：在 Linux 中，如果 close_fds 为 True，则程序在执行子进程之前将关闭除 0、1 和 2 之外的所有文件描述符。在 Windows 中，如果 close_fds 为 True，则子进程将不继承句柄。
- shell：它表示是否使用 Shell 执行程序，默认为 False。如果 shell 为 True，则会将 args 作为字符串传递。在 Linux 中，如果 shell 为 True，则 Shell 程序默认为/bin/sh。如果 args 是一个字符串，则该字符串指定要通过 Shell 执行的命令。
- preexec_fn：设置可调用对象，将在执行子进程之前调用。
- env：如果值不是 None，则映射将为新进程定义环境变量。
- universal_newlines：如果值为 True，则 stdout 和 stderr 将以自动换行模式打开文本文件。

现在我们来看一个 subprocess.Popen() 的示例程序。创建一个脚本，命名为 ssh_using_sub.py，并在其中写入以下代码。

```python
import subprocess
import sys

HOST="your host username@host ip"
COMMAND= "ls"

ssh_obj = subprocess.Popen(["ssh", "%s" % HOST, COMMAND],
 shell=False,
 stdout=subprocess.PIPE,
 stderr=subprocess.PIPE)

result = ssh_obj.stdout.readlines()
if result == []:
 err = ssh_obj.stderr.readlines()
 print(sys.stderr, "ERROR: %s" % err)
else:
 print(result)
```

运行脚本程序，如下所示。

```
student@ubuntu:~$ python3 ssh_using_sub.py
```

输出如下。

```
student@192.168.0.106's password:
```

```
[b'Desktop\n', b'Documents\n', b'Downloads\n', b'examples.desktop\n',
b'Music\n', b'Pictures\n', b'Public\n', b'sample.py\n', b'spark\n',
b'spark-2.3.1-bin-hadoop2.7\n', b'spark-2.3.1-bin-hadoop2.7.tgz\n',
b'ssh\n', b'Templates\n', b'test_folder\n', b'test.txt\n',
b'Untitled1.ipynb\n', b'Untitled.ipynb\n', b'Videos\n', b'work\n']
```

上面的示例程序首先导入了 subprocess 模块，然后声明了要建立 SSH 连接的远程设备地址，之后给出了一个通过远程设备执行的简单命令。完成这些设置后，这些信息将被传递给 subprocess.Popen() 函数，此函数以该函数内定义的参数创建与远程设备的连接。建立 SSH 连接后，执行事先定义的命令并返回结果，最后在终端上输出执行 SSH 的结果。

12.3 使用 fabric 模块执行 SSH

fabric 是 Python 库中的一个模块，也是一个命令行工具。我们可以用它通过网络进行系统管理和应用程序部署，也可以通过 SSH 执行 Shell 命令。

要使用 fabric 模块，需要使用以下命令安装它。

```
$ pip3 install fabric3
```

现在我们来看一个示例程序。创建一个脚本，命名为 fabfile.py，并写入以下代码。

```
from fabric.api import *

env.hosts=["host_name@host_ip"]
env.password='your password'

def dir():
    run('mkdir fabric')
    print('Directory named fabric has been created on your host network')

def diskspace():
    run('df')
```

运行脚本程序，如下所示。

```
student@ubuntu:~$ fab dir
```

输出如下。

```
[student@192.168.0.106] Executing task 'dir'
[student@192.168.0.106] run: mkdir fabric

Done.
Disconnecting from 192.168.0.106... done.
```

上面的示例程序首先导入了 `fabric.api` 模块，然后设置主机名和密码，用于与服务器建立连接。之后，设置了不同的 SSH 任务。接下来执行该程序，这里使用了 `fab` 命令（`fab dir`），而不是 Python 3 `fabfile.py`。最后会根据 `fabfile.py` 脚本执行任务。在这个例子中，程序执行了 `dir` 任务，它在远程设备上创建了一个名为 `fabric` 的目录。我们也可以在 Python 文件中添加特定任务。其他任务也可以使用 `fabric` 模块的 `fab` 命令执行。

12.4 使用 paramiko 模块执行 SSH

`paramiko` 是一个实现了 SSHv2 协议的模块，用于与远程设备建立安全连接。同时，`paramiko` 也是一个关于 SSH 的纯 Python 接口。

在使用 `paramiko` 之前，请确保已在系统上正确安装。如果未安装，我们可以在终端中运行以下命令来安装。

```
$ sudo pip3 install paramiko
```

现在，我们来看一个使用 `paramiko` 模块的示例程序。对于 `paramiko` 连接，这里使用的是 Cisco 设备。`paramiko` 支持基于密码和基于密钥对的身份验证，以实现与服务器的安全连接。在下面的示例程序中，使用了基于密码的身份验证，这意味着使用用户名和密码进行身份验证。在对远程设备或多层路由器进行 SSH 连接之前，请确保它们已正确配置。如果没有，我们可以在多层路由器终端中使用以下命令进行基本配置。

```
configure t
ip domain-name cciepython.com
crypto key generate rsa
How many bits in the modulus [512]: 1024
interface range f0/0 - 1
switchport mode access
switchport access vlan 1
no shut
int vlan 1
```

```
ip add 'set_ip_address_to_the_router' 'put_subnet_mask'
no shut
exit
enable password 'set_Your_password_to_access_router'
username 'set_username' password 'set_password_for_remote_access'
username 'username' privilege 15
line vty 0 4
login local
transport input all
end
```

现在,创建一个脚本,命名为pmiko.py,并写入以下代码。

```python
import paramiko
import time

ip_address = "host_ip_address"
usr = "host_username"
pwd = "host_password"

c = paramiko.SSHClient()
c.set_missing_host_key_policy(paramiko.AutoAddPolicy())
c.connect(hostname=ip_address,username=usr,password=pwd)

print("SSH connection is successfully established with ", ip_address)

rc = c.invoke_shell()
for n in range (2,6):
    print("Creating VLAN " + str(n))
    rc.send("vlan database\n")
    rc.send("vlan " + str(n) +  "\n")
    rc.send("exit\n")
    time.sleep(0.5)

time.sleep(1)
output = rc.recv(65535)
print(output)
c.close
```

运行脚本程序,如下所示。

```
student@ubuntu:~$ python3 pmiko.py
```

输出如下。

```
SSH connection is successfuly established with  192.168.0.70
```

```
Creating VLAN 2
Creating VLAN 3
Creating VLAN 4
Creating VLAN 5
```

上面的示例程序首先导入了 `paramiko` 模块,然后定义了连接远程设备所需的 SSH 凭据。提供凭据后,创建了一个 `paramiko.SSHclient()`的实例'c',它是与远程设备建立连接并执行命令或操作的主要客户端,这里的 `SSHClient` 对象允许我们使用 `connect()` 函数建立远程连接。然后,设置了 `paramiko` 连接策略,因为默认情况下,`paramiko.SSHclient()` 将 SSH 策略设置为拒绝状态,这表示在没有任何验证的情况下拒绝任何 SSH 连接。在这个程序中,我们通过使用 `AutoAddPolicy()` 函数消除了 SSH 连接不上的可能性,该函数自动添加服务器的主机密钥而不显示提示。这里将此策略用于测试目的,但出于安全考虑,这在生产环境中不是一个好的选择。

建立 SSH 连接后,我们可以在远程设备上执行所需的任何配置或操作。在程序中,我们在远程设备上创建了一些 VLAN。创建 VLAN 后,程序关闭了连接。

12.5 使用 netmiko 模块执行 SSH

`netmiko` 模块是 `paramiko` 的进阶版本,它是一个基于 `paramiko` 的 multi_vendor 模块。`netmiko` 简化了与远程设备的 SSH 连接,并对远程设备执行了特殊操作。在对远程设备或多层路由器进行 SSH 连接之前,请确保它们已正确配置,如果没有,则我们可以通过 `paramiko` 中提到的命令进行基本配置。

现在我们来看一个示例程序。创建一个脚本,命名为 `nmiko.py`,并在其中编写以下代码。

```
from netmiko import ConnectHandler

remote_device={
    'device_type': 'cisco_ios',
    'ip':   'your remote_device ip address',
    'username': 'username',
    'password': 'password',
}

remote_connection = ConnectHandler(**remote_device)
#net_connect.find_prompt()
```

```python
for n in range (2,6):
    print("Creating VLAN " + str(n))
    commands = ['exit','vlan database','vlan ' + str(n), 'exit']
    output = remote_connection.send_config_set(commands)
    print(output)

command = remote_connection.send_command('show vlan-switch brief')
print(command)
```

运行脚本程序,如下所示。

```
student@ubuntu:~$ python3 nmiko.py
```

输出如下。

```
Creating VLAN 2
config term
Enter configuration commands, one per line.  End with CNTL/Z.
server(config)#exit
server #vlan database
server (vlan)#vlan 2
VLAN 2 modified:
server (vlan)#exit
APPLY completed.
Exiting....
server #
..
..
..
..
switch#
Creating VLAN 5
config term
Enter configuration commands, one per line.  End with CNTL/Z.
server (config)#exit
server #vlan database
server (vlan)#vlan 5
VLAN 5 modified:
server (vlan)#exit
APPLY completed.
Exiting....
VLAN Name                             Status    Ports
---- -------------------------------- --------- --------------------------------
```

```
... ...
1    default                            active    Fa0/0, Fa0/1, Fa0/2, Fa0/3,
Fa0/4, Fa0/5, Fa0/6, Fa0/7, Fa0/8, Fa0/9, Fa0/10, Fa0/11, Fa0/12, Fa0/13, Fa0/14, Fa0/15
2    VLAN0002                           active
3    VLAN0003                           active
4    VLAN0004                           active
5    VLAN0005                           active
1002 fddi-default                       active
1003 token-ring-default                 active
1004 fddinet-default                    active
1005 trnet-default                      active
```

上面的示例程序使用 netmiko 模块而不是 paramiko 来执行 SSH。首先从 netmiko 模块中导入了 ConnectHandler，然后通过传入一个包含设备信息的字典来建立与远程网络设备的 SSH 连接。在程序中，这个字典是 remote_device。建立连接后，通过使用 send_config_set() 函数执行配置命令以创建多个 VLAN。

当我们使用 send_config_set() 类型函数在远程设备上传递命令时，它会自动将设备设置为配置模式。发送配置命令后，程序中还传递了一个简单的命令来获取有关已配置设备的信息。

12.6 总结

在本章中，我们学习了 Telnet 和 SSH，还学习了不同的 Python 模块，如 telnetlib、subprocess、fabric、netmiko 和 paramiko，而且还使用它们执行 Telnet 和 SSH。SSH 使用公钥加密来实现安全性，比 Telnet 更安全。

在第 13 章中，我们将使用各种 Python 库创建图形用户界面。

12.7 问题

1. 什么是客户端—服务器架构？
2. 如何在 Python 程序中执行特定操作命令？
3. LAN 和 VLAN 有什么区别？

4. 以下代码的输出结果是什么？

```
List = ['a', 'b', 'c', 'd', 'e']
Print(list [10:])
```

5. 编写一个 Python 程序以显示日历（提示：使用 calendar 模块）。

6. 编写一个 Python 程序来计算文本文件的行数。

第 13 章 创建图形用户界面

本章我们将学习创建**图形用户界面**（**GUI**）。我们可以使用多种 Python 库来创建 GUI，本章将学习使用 PyQt5 Python 库创建 GUI。

本章将介绍以下主题。

- GUI 简介。
- 使用程序库创建基于 GUI 的应用程序。

13.1 GUI 简介

本节将学习 GUI。Python 有多种 GUI 框架，本节将介绍 PyQt5。PyQt5 具有不同的图形组件，也称为对象控件，可以在屏幕上显示并与用户交互。这些组件如下所示。

- **PyQt5 window**：PyQt5 window 用于创建简单的应用程序窗口。
- **PyQt5 button**：PyQt5 button 是一个按钮，可以随时单击，并执行对应操作。
- **PyQt5 textbox**：PyQt5 textbox 控件允许用户输入文本。
- **PyQt5 label**：PyQt5 label 控件用于显示单行文本或图像。
- **PyQt5 combo box**：PyQt5 combo box 控件包含一个组合按钮和一个弹出列表。
- **PyQt5 check box**：PyQt5 check box 控件是一个可以选中或取消选中的选项按钮。
- **PyQt5 radio button**：PyQt5 radio button 控件是一个可以选中或取消选中的选项按钮。在一组单选按钮中，一次只能选中其中一个按钮。

- **PyQt5 message box**：PyQt5 message box 控件用于显示消息。
- **PyQt5 menu**：PyQt5 menu 控件提供了不同的显示选项。
- **PyQt5 table**：PyQt5 table 控件为应用程序提供标准表显示功能，可以使用多行和多列构建。
- **PyQt5 signals/slots**：signals 让程序对已发生的事件做出反应，而 slot 是一个在信号发生时被调用的函数。
- **PyQt5 layouts**：PyQt5 layouts 由多个控件组成。

有许多 PyQt5 类可以使用，它们分别在不同的模块中。模块如下所示。

- `QtGui`：QtGui 包含事件处理、图形、字体、文本和基本图像处理类。
- `QtWidgets`：`QtWidgets` 包含用于创建桌面式用户界面的类。
- `QtCore`：QtCore 包含非 GUI 的核心功能的类，如时间、目录、文件、流、URL、数据类型、线程和进程等。
- `QtBluetooth`：`QtBluetooth` 包含用于连接设备并与之交互的类。
- `QtPositioning`：`QtPositioning` 包含用于确定位置的类。
- `QtMultimedia`：`QtMultimedia` 包含 API 和多媒体内容的类。
- `QtNetwork`：`QtNetwork` 包含用于网络编程的类。
- `QtWebKit`：QtWebkit 包含用于 Web 浏览器实现的类。
- `QtXml`：QtXml 包含 XML 文件类。
- `QtSql`：QtSql 包含数据库类。

GUI 由事件驱动，那么什么是事件？事件是一个信号，表示程序中发生了某些事情，例如选择菜单、移动鼠标或单击按钮。事件由函数处理，并在用户对对象执行某些操作时被触发。监听器将监听事件，然后在事件发生时调用事件处理程序。

13.2 使用程序库创建基于 GUI 的应用程序

现在我们将使用 PyQt5 库来创建一个简单的 GUI 应用程序，即创建一个简单的窗口。在这个窗口中，有一个按钮和一个标签。单击该按钮后，程序会在标签中显示一些消息。

13.2 使用程序库创建基于 GUI 的应用程序

首先来看如何创建按钮控件。以下代码将创建一个按钮控件。

```
b = QPushButton('Click', self)
```

现在来看如何创建标签。以下代码将创建一个标签。

```
l = QLabel(self)
```

现在我们来看到如何创建按钮和标签，以及如何在单击该按钮后执行操作。创建一个脚本，命名为 `print_message.py`，并在其中编写以下代码。

```python
import sys
from PyQt5.QtWidgets import QApplication, QLabel, QPushButton, QWidget
from PyQt5.QtCore import pyqtSlot
from PyQt5.QtGui import QIcon

class simple_app(QWidget):
    def __init__(self):
        super().__init__()
        self.title = 'Main app window'
        self.left = 20
        self.top = 20
        self.height = 300
        self.width = 400
        self.app_initialize()

    def app_initialize(self):
        self.setWindowTitle(self.title)
        self.setGeometry(self.left, self.top, self.height, self.width)
        b = QPushButton('Click', self)
        b.setToolTip('Click on the button !!')
        b.move(100,70)
        self.l = QLabel(self)
        self.l.resize(100,50)
        self.l.move(100,200)
        b.clicked.connect(self.on_click)
        self.show()

    @pyqtSlot()
    def on_click(self):
        self.l.setText("Hello World")

if __name__ == '__main__':
    appl = QApplication(sys.argv)
```

```
        ex = simple_app()
        sys.exit(appl.exec_())
```

运行脚本程序，输出如图 13-1 所示。

```
student@ubuntu:~/gui_example$ python3 print_message.py
```

上面的示例程序导入了必须用到的 PyQt5 模块，然后创建了应用程序。QpushButton 用于创建按钮控件，输入的第一个参数是将在按钮上显示的文本。接着创建了一个 QLabel 控件，并打算在其上打印一条消息，当我们单击按钮时将显示该消息。接下来，还定义了一个 on_click() 函数，该函数将在单击按钮后执行显示操作，这里的 on_click() 就是我们定义的 slots 函数。

图 13-1 GUI 程序

现在我们来看一个 box layout 的示例程序。创建一个脚本，命名为 box_layout.py，并在其中编写以下代码。

```
from PyQt5.QtWidgets import QApplication, QWidget, QPushButton, QVBoxLayout

appl = QApplication([])
make_window = QWidget()
layout = QVBoxLayout()

layout.addWidget(QPushButton('Button 1'))
layout.addWidget(QPushButton('Button 2'))

make_window.setLayout(l)
make_window.show()

appl.exec_()
```

运行脚本程序，输出如图 13-2 所示。

```
student@ubuntu:~/gui_example$ python3 box_layout.py
```

图 13-2 box layout 程序

上面的示例程序创建了一个 box layout。程序中放置了两个按钮，此示例仅用于解释 box layout。layout=QVBoxLayout() 语句表示创建一个 box layout。

13.3 总结

在本章中，我们学习了 GUI，了解了 GUI 中使用的组件，也学习了在 Python 中如何使用 PyQt5 模块。其中我们使用 PyQt5 模块，创建了一个简单的应用程序，单击按钮后可以在标签中打印消息。

在第 14 章中，我们将学习如何使用 Apache 及其他类型的日志文件。

13.4 问题

1. 什么是 GUI？
2. Python 中的构造函数和析构函数是什么？
3. `self` 有什么作用？
4. 比较 Tkinter、PyQt 和 wxPython。
5. 创建一个 Python 程序，将一个文件的内容复制到另一个文件中。
6. 创建一个用于读取文本文件的 Python 程序，并计算某个字母在文本文件中出现的次数。

第 14 章
使用 Apache 及其他类型的日志文件

本章我们将学习处理日志文件。其中学习如何解析日志文件，还将了解在程序中使用异常机制的必要性。使用不同方法解析不同文件也很重要。本章还将了解错误日志和访问日志，最后学习如何解析其他日志文件。

本章将介绍以下主题。

- 安装并使用 Apache Log Viewer 应用程序。
- 解析复杂日志文件。
- 使用异常机制的必要性。
- 解析不同文件的技巧。
- 错误日志。
- 访问日志。
- 解析其他日志文件。

14.1 安装并使用 Apache Logs Viewer 应用程序

我们先下载 Apache Logs Viewer 应用程序，然后在计算机上进行安装。此应用程序用于根据日志文件的连接状态、IP 地址等分析日志文件。要分析日志文件，我们可以简单地浏览访问日志文件或错误日志文件。获取文件后，我们可以对日志文件进行不同的操作，比如进行过滤，对 `access.log` 中连接不成功的文件进行排序，或者按特定 IP 地址进行过滤。

如图 14-1 所示，使用 Apache Logs Viewer 查看 `access.log` 文件，但未使用过滤器。

14.1 安装并使用 Apache Logs Viewer 应用程序

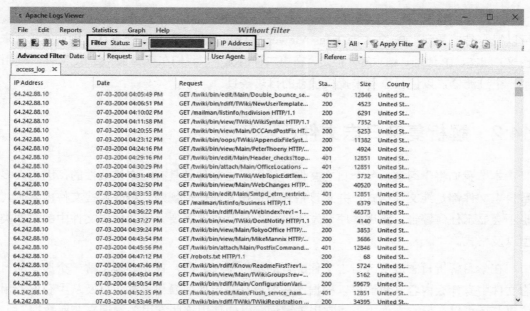

图 14-1 Apache Logs Viewer(1)

如图 14-2 所示，使用 Apache Logs Viewer 查看 access.log 文件，且使用了过滤器。

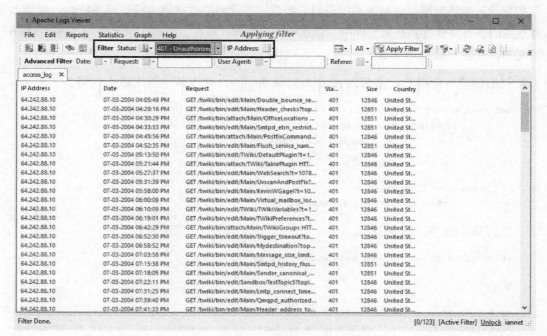

图 14-2 Apache Logs Viewer(2)

在第一种情况下，我们获取了 access.log 文件并在 Apache Logs Viewer 中打开了它。可以很容易地看到，在 Apache Logs Viewer 中打开的文件包含各种条目，例如授权（未授权）状态、IP 地址、请求等。但是，在第二种情况下，我们在查看 access.log 文件时使用了一个过滤器，以便只查看未授权状态的日志条目。

14.2 解析复杂日志文件

本节我们将学习解析复杂日志文件。解析日志文件是具有一定挑战性的，因为大多数日志文件都是纯文本格式，并且该格式不遵循其他任何规则。修改这些文件内容时，也不会显示任何警告。应用程序开发人员可以自行决定需要存储在日志文件中的数据类型以及格式。

在学习解析日志或更改日志文件配置的示例程序之前，首先必须了解一个典型的日志文件中有什么内容。我们可以根据这些内容来决定如何操作日志，以及从中获取有用信息。还可以在日志文件中查找常用关键词，以便使用这些常用关键词来获取数据。

通常，日志文件中的大多数内容都是程序容器生成的条目、系统访问状态的条目（注销和登录）或通过网络访问的系统条目。因此，当我们通过网络远程访问系统时，此类远程连接的条目将保存到日志文件中。以这种情况为例，现在已经有一个名为 `access.log` 的文件，包含一些日志信息。

我们创建一个脚本，命名为 read_apache_log.py，并在其中写入以下代码。

```
def read_apache_log(logfile):
    with open(logfile) as f:
        log_obj = f.read()
        print(log_obj)


if __name__ == '__main__':
    read_apache_log("access.log")
```

运行脚本程序，如下所示。

```
student@ubuntu:~$ python3 read_apache_log.py
```

输出如下。

```
64.242.88.10 - - [07/Mar/2004:16:05:49 -0800] "GET
/twiki/bin/edit/Main/Double_bounce_sender?topicparent=Main.ConfigurationVariables
HTTP/1.1" 401 12846
```

```
64.242.88.10 - - [07/Mar/2004:16:06:51 -0800] "GET
/twiki/bin/rdiff/TWiki/NewUserTemplate?rev1=1.3&rev2=1.2 HTTP/1.1" 200 4523
64.242.88.10 - - [07/Mar/2004:16:10:02 -0800] "GET
/mailman/listinfo/hsdivision HTTP/1.1" 200 6291
64.242.88.10 - - [07/Mar/2004:16:11:58 -0800] "GET
/twiki/bin/view/TWiki/WikiSyntax HTTP/1.1" 200 7352
64.242.88.10 - - [07/Mar/2004:16:20:55 -0800] "GET
/twiki/bin/view/Main/DCCAndPostFix HTTP/1.1" 200 5253
64.242.88.10 - - [07/Mar/2004:16:23:12 -0800] "GET
/twiki/bin/oops/TWiki/AppendixFileSystem?template=oopsmore&param1=1.12&param2=1.12 HTTP/1.1" 200 11382
64.242.88.10 - - [07/Mar/2004:16:24:16 -0800] "GET
/twiki/bin/view/Main/PeterThoeny HTTP/1.1" 200 4924
64.242.88.10 - - [07/Mar/2004:16:29:16 -0800] "GET
/twiki/bin/edit/Main/Header_checks?topicparent=Main.ConfigurationVariablesHTTP/1.1" 401 12851
64.242.88.10 - - [07/Mar/2004:16:30:29 -0800] "GET
/twiki/bin/attach/Main/OfficeLocations HTTP/1.1" 401 12851
64.242.88.10 - - [07/Mar/2004:16:31:48 -0800] "GET
/twiki/bin/view/TWiki/WebTopicEditTemplate HTTP/1.1" 200 3732
64.242.88.10 - - [07/Mar/2004:16:32:50 -0800] "GET
/twiki/bin/view/Main/WebChanges HTTP/1.1" 200 40520
64.242.88.10 - - [07/Mar/2004:16:33:53 -0800] "GET
/twiki/bin/edit/Main/Smtpd_etrn_restrictions?topicparent=Main.ConfigurationVariables HTTP/1.1" 401 12851
64.242.88.10 - - [07/Mar/2004:16:35:19 -0800] "GET
/mailman/listinfo/business HTTP/1.1" 200 6379
.....
```

上面的示例程序定义了一个 read_apache_log() 函数来读取 Apache 日志文件。并且使用该函数打开了一个日志文件，然后输出了日志条目。定义 read_apache_log() 函数之后，程序在 main 函数中通过 Apache 日志文件的名称调用它。在示例程序中，Apache 日志文件名为 access.log。

读取 access.log 文件中的日志条目后，现在从日志文件中解析 IP 地址。创建一个脚本，命名为 parse_ip_address.py，并在其中写入以下代码。

```
import re
from collections import Counter

r_e = r'\d{1,3}\.\d{1,3}\.\d{1,3}\.\d{1,3}'
with open("access.log") as f:
    print("Reading Apache log file")
    Apache_log = f.read()
    get_ip = re.findall(r_e,Apache_log)
```

```
                no_of_ip = Counter(get_ip)
                for k, v in no_of_ip.items():
                        print("Available IP Address in log file " + "=> " + str(k) +
" " + "Count " + "=> " + str(v))
```

运行脚本程序,如下所示。

```
student@ubuntu:~/work/Chapter_15$ python3 parse_ip_address.py
```

输出如下。

```
Reading Apache log file
Available IP Address in log file => 64.242.88.1 Count => 452
Available IP Address in log file => 213.181.81.4 Count => 1
Available IP Address in log file => 213.54.168.1 Count => 12
Available IP Address in log file => 200.160.249.6 Count => 2
Available IP Address in log file => 128.227.88.7 Count => 14
Available IP Address in log file => 61.9.4.6 Count => 3
Available IP Address in log file => 212.92.37.6 Count => 14
Available IP Address in log file => 219.95.17.5 Count => 1
Available IP Address in log file => 10.0.0.1 Count => 270
Available IP Address in log file => 66.213.206.2 Count => 1
Available IP Address in log file => 64.246.94.1 Count => 2
Available IP Address in log file => 195.246.13.1 Count => 12
Available IP Address in log file => 195.230.181.1 Count => 1
Available IP Address in log file => 207.195.59.1 Count => 20
Available IP Address in log file => 80.58.35.1 Count => 1
Available IP Address in log file => 200.222.33.3 Count => 1
Available IP Address in log file => 203.147.138.2 Count => 13
Available IP Address in log file => 212.21.228.2 Count => 1
Available IP Address in log file => 80.58.14.2 Count => 4
Available IP Address in log file => 142.27.64.3 Count => 7
......
```

上面的示例程序创建了一个 Apache 日志解析器,以确定一些特定的 IP 地址及服务器上的请求数。很明显,我们不希望显示 Apache 日志文件的完整条目,只想从日志文件中获取 IP 地址。我们需要定义一个匹配模式来搜索 IP 地址,这里可以通过使用正则表达式来实现,因此导入了 re 模块。然后还导入了 collections 模块,用于代替 Python 的内置数据类型,如 dict、list、set 和 tuple,该模块具有专门的数据容器。导入所需模块后,使用正则表达式编写模式以匹配日志文件中的 IP 地址。

在该匹配模式中,\d 可以是 0~9 之间的任何数字,\r 代表原始字符串。然后,程序打开日志文件 access.log 并读取,之后,在 Apache 日志文件中使用正则表达式获取每个匹配的 IP 地址，同时使用 `collections` 模块的 `Counter` 函数获取每个 IP 地址的计数。最后程序输出操作结果。

14.3 使用异常机制的必要性

本节我们将讨论 Python 编程中使用异常机制（exception）的必要性。正常的程序流程包括事件和信号。异常会导致程序出现问题。这些异常可以是任何类型异常，例如除零错误、导入错误、属性错误或断言错误。只要指定的函数无法正确执行其任务，就会产生这些异常。异常发生时，程序停止执行，解释器将执行异常处理过程。异常处理过程是指在 `try...except` 块中编写的代码。使用异常机制的原因是为了处理程序中发生的意外情况。

分析异常

在程序中，我们必须处理发生的每个异常，日志文件也包含一些异常。如果我们多次遇到类似类型的异常，则表示程序包含一些问题，应该尽快进行修改。

查看以下示例程序。

```
f = open('logfile', 'r')
print(f.read())
f.close()
```

运行程序后，输出如下所示。

```
Traceback (most recent call last):
  File "sample.py", line 1, in <module>
    f = open('logfile', 'r')
FileNotFoundError: [Errno 2] No such file or directory: 'logfile'
```

此示例程序尝试读取目录中不存在的文件，因此显示错误。从错误中我们可以分析出解决问题的方法。为了处理这种情况，我们可以使用异常处理技术。下面是一个使用异常处理技术处理错误的示例程序。

```
try:
    f = open('logfile', 'r')
    print(f.read())
    f.close()
except:
    print("file not found. Please check whether the file is present in your directory or not.")
```

运行程序后，输出如下。

file not found. Please check whether the file is present in your directory or not.

此示例程序尝试读取目录中不存在的文件。程序中使用了文件异常处理，代码放在 try 块和 except 块中。如果 try 块中发生任何错误或异常，它将跳过该错误并执行 except 块中的代码。这里将一个 print 语句放在 except 块中，所以运行程序之后，当 try 块中发生异常时，它会跳过该异常并执行 except 块中的代码。except 块中的 print 语句会被执行，输出如上所示。

14.4 解析不同文件的技巧

本节我们将了解解析不同文件的技巧。在开始解析文件之前，首先我们需要读取数据，这需要知道从哪里获取所有数据，还需要知道所有日志文件的大小是不同的。为了简化解析任务，这里有一个列表以供参考。

- 日志文件可以是纯文本文件，也可以是压缩文件。
- 所有纯文本日志文件都有扩展名 log，bzip2 日志文件有扩展名 bz2。
- 开发者应该根据文件名来处理这组文件。
- 将日志文件的所有解析结果合并到一个报告中。
- 开发者使用的解析工具必须对指定目录或不同目录中的所有文件进行操作，包括所有子目录中的日志文件。

14.5 错误日志

本节我们将了解错误日志。错误日志的相关指令如下。

- ErrorLog。
- LogLevel。

服务器日志文件的位置和名称由 ErrorLog 指令设置，它是最重要的日志文件。Apache 的 httpd 将信息以及处理时生成的记录存储到日志中，每当服务器出现问题时，日志将是开发者第一个查看的内容，它包含出错的细节和修复过程。

错误日志将写入服务器日志文件。在 UNIX 系统上，错误可以由服务器发送到 `syslog`，也可以被传递到程序中。该日志条目中的第一个条目是消息的日期和时间。第二个条目记录错误的严重性，`LogLevel` 指令会通过错误严重性级别来依次处理发送到错误日志的错误。第三个条目包含生成错误的客户端相关信息，该信息是客户端 IP 地址。最后一个条目是消息本身，它包含服务器已配置为拒绝客户端访问的信息。然后，服务器会返回请求文档的文件路径。

各种类型的消息都可能出现在错误日志文件中。错误日志文件还包含 CGI 脚本的调试输出。无论将哪些信息写入 `stderr`，都将直接复制到错误日志中。

错误日志文件不可自定义，处理错误日志产生的条目将存储到访问日志中，我们应始终在测试期间监视错误日志中的问题。在 UNIX 系统上，我们可以运行以下命令来完成此任务。

```
$ tail -f error_log
```

14.6 访问日志

本节我们将学习访问日志。服务器访问日志将记录服务器处理的所有请求。`CustomLog` 指令控制访问日志的存储位置和内容，`LogFormat` 指令用于选择日志的内容。

将信息存储在访问日志中意味着启动日志管理，下一步将分析数据，得到有用的统计数据。`Apache httpd` 有各种版本，这些版本使用了一些其他模块和指令来控制访问日志记录。我们可以配置访问日志的格式，也可以使用格式化字符串来指定格式。

通用日志格式

在本节中，我们将了解**通用日志格式（Common Log Format，CLF）**。以下语法显示了访问日志格式的配置。

```
LogFormat "%h %l %u %t \"%r\" %>s %b" nick_name
 CustomLog logs/access_log nick_name
```

此字符串定义了一个昵称，然后将该昵称与日志格式字符串相关联。日志格式字符串由百分号指令组成，每个百分号指令都告诉服务器应该记录的特定信息。该字符串也可以包含普通字符，这些字符将直接复制到日志输出中。

`CustomLog` 指令将使用定义的昵称设置新的日志文件。访问日志的文件路径是相对于 `ServerRoot` 的，除非它以斜杠开头。

上面的配置将以通用日志格式写入日志条目。这是一种标准格式，可以由许多不同的 Web 服务器生成，许多日志分析程序都读取此日志格式。

下面是各个百分号指令的含义。

- `%h`：表示向 Web 服务器发出请求的客户端 IP 地址。如果启用了 `Hostname Lookups`，则服务器将以主机名代替其 IP 地址。

- `%l`：表示所请求文档的信息不可用。

- `%u`：这是请求文档的用户 ID，`REMOTE_USER` 环境变量中的 CGI 脚本提供相应的值。

- `%t`：用于检测服务器处理请求的完成时间，格式如下。

`[day/month/year:hour:minute:second zone]`

`day` 参数使用两位数。`Month` 参数需要用到 3 个字母。对于 `year` 参数，因为年份有 4 个字符，所以必须使用四位数。后面的 `hour`、`minute` 和 `second` 分别使用两位数。

- `\"%r\"`：用作客户端的请求行，以双引号显示。此请求行包含有用的信息。请求客户端使用 GET 方法，协议是 HTTP。

- `%>s`：定义客户端的状态码。状态码非常重要且有用，它表示客户端发送的请求是否成功发送到服务器。

- `%b`：定义对象返回客户端时的总大小，此总大小不包括响应头的大小。

14.7 解析其他日志文件

系统中还有其他的日志文件，包括 Apache 日志。在 Linux 发行版中，日志文件位于根文件系统中的 `/var/log` 文件夹中，如图 14-3 所示。

图 14-3 Linux 日志文件

14.7 解析其他日志文件

在上面的屏幕截图中，我们可以很容易地看到用于不同操作条目的不同类型的日志文件（例如，身份验证日志文件 `auth.log`、系统日志文件 `syslog` 和内核日志文件 `kern.log`）。如前所示，对 Apache 日志文件执行的操作，也可以用于对本地日志文件。下面我们来看一个解析日志文件的示例程序。创建一个脚本，命名为 `simple_log.py`，并在其中写入以下代码。

```python
f=open('/var/log/kern.log','r')

lines = f.readlines()
for line in lines:
        kern_log = line.split()
        print(kern_log)
f.close()
```

运行脚本程序，如下所示。

```
student@ubuntu:~$ python3 simple_log.py
```

输出如下。

```
['Dec', '26', '14:39:38', 'ubuntu', 'NetworkManager[795]:', '<info>',
'[1545815378.2891]', 'device', '(ens33):', 'state', 'change:', 'prepare',
'->', 'config', '(reason', "'none')", '[40', '50', '0]']
['Dec', '26', '14:39:38', 'ubuntu', 'NetworkManager[795]:', '<info>',
'[1545815378.2953]', 'device', '(ens33):', 'state', 'change:', 'config',
'->', 'ip-config', '(reason', "'none')", '[50', '70', '0]']
['Dec', '26', '14:39:38', 'ubuntu', 'NetworkManager[795]:', '<info>',
'[1545815378.2997]', 'dhcp4', '(ens33):', 'activation:', 'beginning',
'transaction', '(timeout', 'in', '45', 'seconds)']
['Dec', '26', '14:39:38', 'ubuntu', 'NetworkManager[795]:', '<info>',
'[1545815378.3369]', 'dhcp4', '(ens33):', 'dhclient', 'started', 'with', 'pid', '5221']
['Dec', '26', '14:39:39', 'ubuntu', 'NetworkManager[795]:', '<info>',
'[1545815379.0008]', 'address', '192.168.0.108']
['Dec', '26', '14:39:39', 'ubuntu', 'NetworkManager[795]:', '<info>',
'[1545815379.0020]', 'plen', '24', '(255.255.255.0)']
['Dec', '26', '14:39:39', 'ubuntu', 'NetworkManager[795]:', '<info>',
'[1545815379.0028]', 'gateway', '192.168.0.1']
```

上面的示例程序创建了一个简单的文件对象 f，并使用读取模式打开了 `kern.log` 文件。之后调用 `readlines()` 函数，在 for 循环中逐行读取文件中的数据。然后在内核日志文件的每一行上使用 `split()` 函数，最后使用 `print()` 函数输出整个文件。

就像读取内核日志文件一样，我们也可以对它执行各种其他操作。下面将通过索引访问内核日志文件中的内容。Split()函数可以将文件中的所有信息拆分为一系列字符串,接下来我们将使用这种特性。创建一个脚本,命名为 simple_log1.py,并将以下代码写入其中。

```
f=open('/var/log/kern.log','r')

lines = f.readlines()
for line in lines:
        kern_log = line.split()[1:3]
        print(kern_log)
```

运行脚本程序,如下所示。

```
student@ubuntu:~$ python3 simple_log1.py
```

输出如下。

```
['26', '14:37:20']
['26', '14:37:20']
['26', '14:37:32']
['26', '14:39:38']
['26', '14:39:38']
['26', '14:39:38']
['26', '14:39:38']
['26', '14:39:38']
['26', '14:39:38']
['26', '14:39:38']
['26', '14:39:38']
['26', '14:39:38']
```

上面的示例程序在 split()函数旁边添加了[1:3],也就是切片(提取序列的子序列的操作称为切片)。在示例程序中,使用方括号作为切片运算符,并在其中填写两个整数值,用冒号分隔。运算符[1:3]将序列第一个元素到第三个元素构成的子序列返回,其中包括第一个元素但不包括最后一个元素。当我们对任何序列进行切片时,得到的子序列总是与原始序列具有相同的类型,但是列表(或元组)的元素可以是任何类型。无论我们如何对它进行切片,列表的切片结果都是一个列表。在对日志文件进行切片之后,得到的输出如上所示。

14.8 总结

在本章中,我们学习了如何操作不同类型的日志文件,还学习了解析复杂格式的日志文件以及处理这些文件时使用异常机制的必要性。然后了解了一些解析日志文件的技巧。最后还学习了错误日志和访问日志。

在第 15 章中，我们将学习 SOAP 和 REST API 通信。

14.9 问题

1. Python 中运行时异常和编译时异常有什么区别？
2. 什么是正则表达式？
3. 探索 Linux 命令 head、tail、cat 和 awk。
4. 编写一个 Python 程序，将一个文件的内容追加到另一个文件中。
5. 编写一个 Python 程序，以倒序读取文件的内容。
6. 以下表达式的输出是什么？

   ```
   re.search(r'C\Wke', 'C@ke').group()
   re.search(r'Co+kie', 'Cooookie').group()
   re.match(r'<.*?>', '<h1>TITLE</h1>').group()
   ```

第 15 章 SOAP 和 RESTful API 通信

本章将介绍关于 SOAP 和 REST API 的基础知识。首先我们将学习 SOAP 和 RESTful API 的 Python 库，学习 `Zeep` 用于了解 SOAP，学习 requests 用于了解 RESTful API。然后学习如何处理 JSON 数据，其中会有处理 JSON 数据的简单示例程序，例如将 JSON 字符串转换为 Python 对象，以及将 Python 对象转换为 JSON 字符串。

本章将介绍以下主题。

- 什么是 SOAP。
- 使用 SOAP 库。
- 什么是 RESTful API。
- 使用 RESTful API 的标准库。
- 处理 JSON 数据。

15.1 什么是 SOAP

SOAP 即简单对象访问协议（**Simple Object Access Protocol**），是一种允许程序进程使用不同操作系统的标准通信协议，同时也是一种 Web 服务技术，它通过 HTTP 和 XML 进行通信。SOAP 描述了所有函数和数据类型，它是一个基于 XML 的协议。SOAP API 主要用于创建、更新、删除和恢复数据等任务，使用 Web 服务描述语言来描述 Web 服务提供的功能。

使用 SOAP 程序库

在本节中，我们将学习支持 SOAP 的 Python 库。这里列出了一些 SOAP 程序库。

- SOAPpy。
- Zeep。
- Ladon。
- suds-jurko。
- pysimplesoap。

这些是 Python 的 SOAP 程序库。本节我们仅学习 Zeep 库。

要使用 Zeep 库，我们需要先安装它。在终端中运行以下命令以安装 Zeep 库。

```
$ pip3 install Zeep
```

Zeep 库用于 WSDL 文档，它会生成服务和文档的代码，并为 SOAP 服务器提供编程接口。lxml 库用于解析 XML 文档。

现在我们来看一个示例程序。创建一个脚本，命名为 soap_example.py，并在其中编写以下代码。

```
import zeep

w = 'http://www.soapclient.com/xml/soapresponder.wsdl'
c = zeep.Client(wsdl=w)
print(c.service.Method1('Hello', 'World'))
```

运行脚本程序，如下所示。

```
student@ubuntu:~$ python3 soap_example.py
```

输出如下。

```
Your input parameters are Hello and World
```

上面的示例程序首先导入了 zeep 模块，并给出了网站名称，然后创建了 zeep 客户端对象。然后使用 wsdl 定义了一个简单的 Method1() 函数，该函数由 zeep 模块通过 c.service.Method1 提供，这里输入了两个参数。最后返回了一个字符串。

15.2 什么是 RESTful API

REST 即**表述性状态传递**（**Representational State Transfer**），而 RESTful API 是一种用于 Web 服务开发的通信方式。作为互联网上不同系统之间的通信方式，它是一种 Web 服务的风格。它也是一个应用程序接口，用于在 HTTP 上使用 GET、PUT、POST 和 DELETE

等方法请求数据。

REST 的优势在于它占用带宽较少,适合网络应用。RESTful API 使用统一的接口,所有资源都由 GET、POST、PUT 和 DELETE 操作处理。其中,RESTful API 使用 GET 来获取资源,使用 PUT 更新资源或更改资源状态,使用 POST 创建资源,并使用 DELETE 删除资源。使用 RESTful API 的系统具有快速和可靠等特点。

RESTful API 独立处理每个请求,从客户端发送到服务器的请求必须包含(让服务器)理解该请求所需的所有信息。

使用 RESTful API 的标准库

本节我们将学习如何使用 RESTful API。接下来将使用 Python 的 requests 和 JSON 模块。现在我们来看一些示例程序,程序将使用 requests 模块从 API 获取信息。这里会用到 GET 和 POST 请求。

首先,我们按如下方式安装 requests 库。

```
$ pip3 install requests
```

现在来看一个示例程序。创建一个脚本,命名为 rest_get_example.py,并在其中写入以下代码。

```
import requests

req_obj = requests.get('https://www.news.baidu.com')
print(req_obj)
```

运行脚本程序,如下所示。

```
student@ubuntu:~/work$ python3 rest_get_example.py
```

输出如下。

```
<Response [200]>
```

上面的示例程序导入了 requests 模块以发送请求,接着创建了一个请求对象 req_obj,并指定了想要发送请求的链接地址,最后输出结果。这里得到的状态代码为 200,表示请求成功。

现在,我们来看 POST 请求的示例程序,POST 请求用于将数据发送到服务器。创建一个脚本,命名为 rest_post_example.py,并在其中写入以下代码。

```
import requests
import json

url_name = 'http://httpbin.org/post'
data = {"Name" : "John"}
data_json = json.dumps(data)
headers = {'Content-type': 'application/json'}
response = requests.post(url_name, data=data_json, headers=headers)
print(response)
```

运行脚本程序，如下所示。

```
student@ubuntu:~/work$ python3 rest_post_example.py
```

输出如下。

```
<Response [200]>
```

上面的示例程序使用了 POST 请求。首先导入了必要的 requests 模块和 json 模块，接着给出了 URL。然后制定了想要以字典格式发送到服务器的数据，并给出了请求头。接着使用 POST 请求发送了数据。最后得到的状态代码为 200，表示请求成功。

15.3 处理 JSON 数据

本节我们将学习处理 JSON 数据。**JSON** 即**对象简谱（JavaScript Object Notation）**。JSON 是一种数据交换格式，我们可以将 Python 对象编码为 JSON 字符串，也可以将 JSON 字符串解码为 Python 对象。Python 包含一个 JSON 模块，可以格式化 JSON 数据输出。它具有序列化和反序列化 JSON 的函数，如下所示。

- `json.dump(obj, fileObj)`：此函数将 Python 对象序列化为 JSON 格式的流。
- `json.dumps(obj)`：此函数将 Python 对象序列化为 JSON 格式的字符串。
- `json.load(JSONfile)`：此函数将 JSON 文件反序列化为 Python 对象。
- `json.loads(JSONfile)`：此函数将字符串类型的 JSON 文件反序列化为 Python 对象。

它还有两个用于编码和解码的类。

- JSONEncoder：用于将 Python 对象转换为 JSON 格式的文件。
- JSONDecoder：用于将 JSON 格式的文件转换为 Python 对象。

现在我们来看一些使用 JSON 模块的示例程序。首先是从 JSON 字符串到 Python 对象的转换。创建一个脚本，命名为 json_to_python.py，并在其中编写以下代码。

```
import json

j_obj = '{ "Name":"Harry", "Age":26, "Department":"HR"}'
p_obj = json.loads(j_obj)
print(p_obj["Name"])
print(p_obj["Department"]
```

运行脚本程序，如下所示。

```
student@ubuntu:~/work$ python3 json_to_python.py
```

输出如下。

```
Harry
HR
```

上面的示例程序将 JSON 字符串转换为 Python 对象，json.loads()函数用于将 JSON 字符串转换为 Python 对象。

现在我们来看如何将 Python 对象转换为 JSON 字符串。创建一个脚本，命名为 python_to_json.py，并在其中编写以下代码。

```
import json

emp_dict1 = '{ "Name":"Harry", "Age":26, "Department":"HR"}'
json_obj = json.dumps(emp_dict1)
print(json_obj)
```

运行脚本程序，如下所示。

```
student@ubuntu:~/work$ python3 python_to_json.py
```

输出如下。

```
"{ \"Name\":\"Harry\", \"Age\":26, \"Department\":\"HR\"}"
```

上面的示例程序将 Python 对象转换为 JSON 字符串，其中的 json.dumps()函数用于实现这种转换。

15.3 处理 JSON 数据

现在我们来看如何将各种类型的 Python 对象转换为 JSON 字符串。创建一个脚本，命名为 python_object_to_json.py，并在其中写入以下代码。

```
import json

python_dict =   {"Name": "Harry", "Age": 26}
python_list =   ["Mumbai", "Pune"]
python_tuple =  ("Basketball", "Cricket")
python_str =    ("hello_world")
python_int =    (150)
python_float =  (59.66)
python_T =      (True)
python_F =      (False)
python_N =      (None)

json_obj = json.dumps(python_dict)
json_arr1 = json.dumps(python_list)
json_arr2 = json.dumps(python_tuple)
json_str = json.dumps(python_str)
json_num1 = json.dumps(python_int)
json_num2 = json.dumps(python_float)
json_t = json.dumps(python_T)
json_f = json.dumps(python_F)
json_n = json.dumps(python_N)

print("json object : ", json_obj)
print("json array1 : ", json_arr1)
print("json array2 : ", json_arr2)
print("json string : ", json_str)
print("json number1 : ", json_num1)
print("json number2 : ", json_num2)
print("json true", json_t)
print("json false", json_f)
print("json null", json_n)
```

运行脚本程序，如下所示。

```
student@ubuntu:~/work$ python3 python_object_to_json.py
```

输出如下。

```
json object :   {"Name": "Harry", "Age": 26}
json array1 :   ["Mumbai", "Pune"]
json array2 :   ["Basketball", "Cricket"]
json string :   "hello_world"
```

```
json number1 :  150
json number2 :  59.66
json true true
json false false
json null null
```

上面的示例程序使用了 `json.dumps()` 函数将各种类型的 Python 对象转换为 JSON 字符串。Python 列表和元组被转换为数组，整数和浮点数被转换为 JSON 中的数字。从 Python 对象到 JSON 字符串的转换关系如表 15-1 所示。

表 15-1　　　　　　　　从 Python 对象到 JSON 字符串的转换关系

Python	JSON
`dict`	Object
`list`	Array
`tuple`	Array
`str`	String
`int`	Number
`float`	Number
`True`	true
`False`	false
`None`	null

15.4　总结

在本章中，我们学习了 SOAP 和 RESTful API，了解了基于 SOAP 的 `Zeep` 库和基于 RESTful API 的 `requests` 库。还学习了处理 JSON 数据，将 JSON 字符串转换为 Python 对象以及将 Python 对象转换为 JSON 字符串。

在第 16 章中，我们将学习 Web 爬虫和用于实现爬虫的 Python 库。

15.5　问题

1. SOAP 和 RESTful API 有什么区别？
2. `json.loads` 和 `json.load` 有什么区别？

3. JSON 是否支持所有平台?

4. 以下代码段的输出是什么?

```
boolean_value = False
print(json.dumps(boolean_value))
```

5. 以下代码段的输出是什么?

```
>>> weird_json = '{"x": 1, "x": 2, "x": 3}'
>>> json.loads(weird_json)
```

第 16 章
网络爬虫——从网站中提取有用的数据

本章我们将学习网络爬虫，其中包括学习 Python 中的 `BeautifulSoup` 库，它用于从网站中提取数据。

本章将介绍以下主题。

- 什么是网络爬虫。
- 数据提取。
- 从维基百科网站提取信息。

16.1 什么是网络爬虫

网络爬虫是指从网站提取数据的技术，该技术可以将非结构化数据转换为结构化数据。

网络爬虫的用途是从网站提取数据，提取的数据可以存储到本地文件并保存在系统中，也可以将其以表格的形式存储到数据库中。网络爬虫使用 HTTP 或 Web 浏览器直接访问**万维网（WWW）**。网络爬虫或机器人抓取网页的过程是一个自动化流程。

抓取网页的过程分为获取网页、提取数据。Web 抓取程序可以获取网页，它是网络爬虫的必需组件。在获取网页后，就需要提取网页数据了。我们可以搜索、解析，并将提取的数据保存到表格中，然后重新整理格式。

16.2 数据提取

本节我们学习数据提取。我们可以使用 Python 的 BeautifulSoup 库进行数据提取。这里还需要用到 Python 库的 Requests 模块。

运行以下命令以安装 Requests 和 BeautifulSoup 库。

```
$ pip3 install requests
$ pip3 install beautifulsoup4
```

16.2.1 Requests 库

使用 Requests 库可以易懂的格式在 Python 脚本中使用 HTTP，这里使用 Python 中的 Requests 库获取网页。Requests 库包含不同类型的请求，这里使用 GET 请求。GET 请求用于从 Web 服务器获取信息，使用 GET 请求可以获取指定网页的 HTML 内容。每个请求都对应一个状态码，状态码从服务器返回，这些状态码为我们提供了对应请求执行结果的相关信息。以下是部分状态码。

- 200：表示一切正常并返回结果（如果有）。
- 301：表示如果服务器已切换域名或必须更改端点名称，则服务器将重定向到其他端点。
- 400：表示用户发出了错误请求。
- 401：表示用户未通过身份验证。
- 403：表示用户正在尝试访问禁用的资源。
- 404：表示用户尝试访问的资源在服务器上不可用。

16.2.2 BeautifulSoup 库

BeautifulSoup 也是一个 Python 库，它包含简单的搜索、导航和修改方法。它只是一个工具包，用于从网页中提取所需的数据。

要在脚本中使用 Requests 和 BeautifulSoup 模块，必须使用 import 语句导入这两个模块。现在我们来看一个解析网页的示例程序，这里将解析一个来自百度网站的新闻网页。创建一个脚本，命名为 parse_web_page.py，并在其中写入以下代码。

```python
import requests
from bs4 import BeautifulSoup

page_result = requests.get('https://www.news.baidu.com')
parse_obj = BeautifulSoup(page_result.content, 'html.parser')

print(parse_obj)
```

运行脚本程序,如下所示。

```
student@ubuntu:~/work$ python3 parse_web_page.py
Output:
<!DOCTYPE html>

<html xmlns:fb="http://www.facebook.com/2008/fbml"
xmlns:og="http://ogp.me/ns#">
<head>
<meta charset="utf-8"/>
<meta content="IE=edge" http-equiv="X-UA-Compatible"/>
<meta content="app-id=342792525, app-argument=imdb:///?src=mdot"
name="apple-itunes-app"/>
<script type="text/javascript">var IMDbTimer={starttime: new
Date().getTime(),pt:'java'};</script>
<script>
    if (typeof uet == 'function') {
      uet("bb", "LoadTitle", {wb: 1});
    }
</script>
<script>(function(t){ (t.events = t.events || {})["csm_head_pre_title"] =
new Date().getTime(); })(IMDbTimer);</script>
<title>Top News - IMDb</title>
<script>(function(t){ (t.events = t.events || {})["csm_head_post_title"] =
new Date().getTime(); })(IMDbTimer);</script>
<script>
    if (typeof uet == 'function') {
      uet("be", "LoadTitle", {wb: 1});
    }
</script>
<script>
    if (typeof uex == 'function') {
      uex("ld", "LoadTitle", {wb: 1});
    }
</script>
<link href="https://www.imdb.com/news/top" rel="canonical"/>
<meta content="http://www.imdb.com/news/top" property="og:url">
```

```
<script>
    if (typeof uet == 'function') {
        uet("bb", "LoadIcons", {wb: 1});
    }
```

上面的示例程序抓取了一个网页，并使用 BeautifulSoup 对其进行了解析。首先导入了 requests 和 BeautifulSoup 模块，然后使用 GET 请求访问 URL，并将结果分配给 page_result 变量，接着创建了一个 BeautifulSoup 对象 parse_obj，此对象将 requests 的返回结果 page_result.content 作为参数，然后使用 html.parser 解析该页面。

现在我们将从类和标签中提取数据。转到 Web 浏览器，右击要提取的内容并向下查找，找到"检查"选项，单击它将获得类名。在程序中指定这个类名，并运行脚本。创建一个脚本，命名为 extract_from_class.py，并在其中写入以下代码。

```python
import requests
from bs4 import BeautifulSoup

page_result = requests.get('https://www.news.baidu.com')
parse_obj = BeautifulSoup(page_result.content, 'html.parser')

top_news = parse_obj.find(class_='news-article__content')
print(top_news)
```

运行脚本程序，如下所示。

```
student@ubuntu:~/work$ python3 extract_from_class.py
Output :
<div class="news-article__content">
<a href="/name/nm4793987/">Issa Rae</a> and <a
href="/name/nm0000368/">Laura Dern</a> are teaming up to star in a limited
series called "The Dolls" currently in development at <a
href="/company/co0700043/">HBO</a>.<br/><br/>Inspired by true events, the
series recounts the aftermath of Christmas Eve riots in two small Arkansas
towns in 1983, riots which erupted over Cabbage Patch Dolls. The series
explores class, race, privilege and what it takes to be a "good
mother."<br/><br/>Rae will serve as a writer and executive producer on the
series in addition to starring, with Dern also executive producing. <a
href="/name/nm3308450/">Laura Kittrell</a> and <a
href="/name/nm4276354/">Amy Aniobi</a> will also serve as writers and coexecutive
producers. <a href="/name/nm0501536/">Jayme Lemons</a> of Dern's
<a href="/company/co0641481/">Jaywalker Pictures</a> and <a
href="/name/nm3973260/">Deniese Davis</a> of <a
```

```
href="/company/co0363033/">Issa Rae Productions</a> will also executive
produce.<br/><br/>Both Rae and Dern currently star in HBO shows, with Dern
appearing in the acclaimed drama "<a href="/title/tt3920596/">Big Little
Lies</a>" and Rae starring in and having created the hit comedy "<a
href="/title/tt5024912/">Insecure</a>." Dern also recently starred in the
film "<a href="/title/tt4015500/">The Tale</a>,
        </div>
```

上面的示例程序首先导入了 requests 和 BeautifulSoup 模块，然后创建了一个 requests 对象并为其分配了一个 URL，接着创建了一个 BeautifulSoup 对象 parse_obj。此对象将 requests 的返回结果 page_result.content 作为参数，然后使用 html.parser 解析页面。最后，使用 BeautifulSoup 的 find() 方法从 news-article__content 类中获取内容。

现在我们来看一个从特定标签中提取数据的示例程序，此示例程序将从<a>标签中提取数据。创建一个脚本，命名为 extract_from_tag.py，并在其中写入以下代码。

```python
import requests
from bs4 import BeautifulSoup

page_result = requests.get('https://www.news.baidu.com/news')
parse_obj = BeautifulSoup(page_result.content, 'html.parser')

top_news = parse_obj.find(class_='news-article__content')
top_news_a_content = top_news.find_all('a')
print(top_news_a_content)
```

运行脚本程序，如下所示。

```
student@ubuntu:~/work$ python3 extract_from_tag.py
```

输出如下。

```
[<a href="/name/nm4793987/">Issa Rae</a>, <a href="/name/nm0000368/">Laura
Dern</a>, <a href="/company/co0700043/">HBO</a>, <a
href="/name/nm3308450/">Laura Kittrell</a>, <a href="/name/nm4276354/">Amy
Aniobi</a>, <a href="/name/nm0501536/">Jayme Lemons</a>, <a
href="/company/co0641481/">Jaywalker Pictures</a>, <a
href="/name/nm3973260/">Deniese Davis</a>, <a
href="/company/co0363033/">Issa Rae Productions</a>, <a
href="/title/tt3920596/">Big Little Lies</a>, <a
href="/title/tt5024912/">Insecure</a>, <a href="/title/tt4015500/">The
Tale</a>]
```

上面的示例程序从<a>标签中提取数据。这里使用 find_all() 方法从 news-article__content 类中提取所有<a>标签数据。

16.3 从维基百科网站抓取信息

本节我们将学习一个从维基百科网站获取舞蹈种类列表的示例程序,这里将列出所有古典印度舞蹈。创建一个脚本,命名为 extract_from_wikipedia.py,并在其中写入以下代码。

```
import requests
from bs4 import BeautifulSoup

page_result = requests.get('https://en.wikipedia.org/wiki/Portal:History')
parse_obj = BeautifulSoup(page_result.content, 'html.parser')

h_obj = parse_obj.find(class_='hlist noprint')
h_obj_a_content = h_obj.find_all('a')

print(h_obj)
print(h_obj_a_content)
```

运行脚本程序,如下所示。

```
student@ubuntu:~/work$ python3 extract_from_wikipedia.py
```

输出如下。

```
<div class="hlist noprint" id="portals-browsebar" style="text-align:
center;">
<dl><dt><a href="/wiki/Portal:Contents/Portals"
title="Portal:Contents/Portals">Portal topics</a></dt>
<dd><a href="/wiki/Portal:Contents/Portals#Human_activities"
title="Portal:Contents/Portals">Activities</a></dd>
<dd><a href="/wiki/Portal:Contents/Portals#Culture_and_the_arts"
title="Portal:Contents/Portals">Culture</a></dd>
<dd><a href="/wiki/Portal:Contents/Portals#Geography_and_places"
title="Portal:Contents/Portals">Geography</a></dd>
<dd><a href="/wiki/Portal:Contents/Portals#Health_and_fitness"
title="Portal:Contents/Portals">Health</a></dd>
<dd><a href="/wiki/Portal:Contents/Portals#History_and_events"
title="Portal:Contents/Portals">History</a></dd>
<dd><a href="/wiki/Portal:Contents/Portals#Mathematics_and_logic"
title="Portal:Contents/Portals">Mathematics</a></dd>
<dd><a href="/wiki/Portal:Contents/Portals#Natural_and_physical_sciences"
```

```
title="Portal:Contents/Portals">Nature</a></dd>
<dd><a href="/wiki/Portal:Contents/Portals#People_and_self"
title="Portal:Contents/Portals">People</a></dd>
In the preceding example, we extracted the content from Wikipedia. In this
example also, we extracted the content from class as well as tag.
....
```

16.4 总结

在本章中,我们学习了网络爬虫的有关内容,其中学习了两个用于从网页中提取数据的库,还学习了从维基百科网站提取信息。

在第 17 章中,我们将学习统计信息的收集和报告。其中将学习 NumPy 模块,数据可视化以及使用 plots、graphs 和 charts 显示数据。

16.5 问题

1. 什么是网络爬虫?
2. 什么是网络抓取工具?
3. 我们可以从需要登录的网页抓取数据吗?
4. 我们可以爬取 Twitter 网站数据吗?
5. 我们是否可以爬取 Java 脚本页面数据?如果可以,怎么做?

第 17 章
统计信息的收集和报告

本章我们将学习用于科学计算和统计的高级 Python 库，其中包括 NumPy、Pandas、Matplotlib 和 Plotly 模块。还将学习数据可视化技术，以及如何绘制收集到的数据。

本章将介绍以下主题。

- NumPy 模块。
- Pandas 模块。
- 数据可视化。

17.1 NumPy 模块

NumPy 是一个可以高效操作数组的 Python 模块，它是一个科学计算基础工具包，该包通常用于 Python 数据分析。NumPy 的数组是由多个值组成的网格。

在终端中运行以下命令来安装 NumPy。

```
$ pip3 install numpy
```

接下来我们将使用 NumPy 模块操作 NumPy 数组。首先创建 NumPy 数组，创建一个脚本，命名为 simple_array.py，并在其中添加以下代码。

```
import numpy as np

my_list1 = [1,2,3,4]
my_array1 = np.array(my_list1)
print(my_list11, type(my_list1))
print(my_array1, type(my_array1))
```

运行脚本程序，如下所示。

```
student@ubuntu:~$ python3 simple_array.py
```

输出如下所示。

```
[1, 2, 3, 4] <class 'list'>
[1 2 3 4] <class 'numpy.ndarray'>
```

上面的示例程序将 numpy 模块导入为 np，以使用 NumPy 功能。然后创建了一个简单的列表，这里使用了 np.array() 函数将其转换为 NumPy 数组。最后输出了数组并显示了对应数据类型，以便理解普通数组和 NumPy 数组的区别。

上面的例子是一维数组，现在我们来看一个多维数组的例子。创建一个脚本，命名为 mult_dim_array.py，并在其中写入以下代码。

```
import numpy as np

my_list1 = [1,2,3,4]
my_list2 = [11,22,33,44]

my_lists = [my_list1, my_list2]
my_array = np.array(my_lists)
print(my_lists, type(my_lists))
print(my_array, type(my_array))
```

运行脚本程序，如下所示。

```
student@ubuntu:~$ python3 mult_dim_array.py
```

输出如下。

```
[[1, 2, 3, 4], [11, 22, 33, 44]] <class 'list'>
[[ 1  2  3  4]
 [11 22 33 44]] <class 'numpy.ndarray'>
```

上面的示例程序，首先导入了 numpy 模块，然后创建了两个列表：my_list1 和 my_list2。之后创建了另一个由 my_list1 和 my_list2 列表构成的列表 my_lists，并对该列表使用了 np.array() 函数，得到 NumPy 数组存储在 my_array 对象。最后输出了 NumPy 数组。

现在可以对数组完成更多操作。我们来看如何获取已创建的数组 my_array 的大小和数据类型。使用 shape() 函数可以获取数组大小，使用 dtype() 函数可以获取已创建数组中的数据类型。创建一个脚本，命名为 size_and_dtype.py，并在其中写入以下代码。

```python
import numpy as np

my_list1 = [1,2,3,4]
my_list2 = [11,22,33,44]

my_lists = [my_list1,my_list2]
my_array = np.array(my_lists)
print(my_array)

size = my_array.shape
print(size)

data_type = my_array.dtype
print(data_type)
```

运行脚本程序,如下所示。

```
student@ubuntu:~$ python3 size_and_dtype.py
```

输出如下。

```
[[ 1  2  3  4]
 [11 22 33 44]]
(2, 4)
int64
```

上面的示例程序使用 shape() 函数获取数组 my_array 的大小,结果输出是 (2,4)。然后再对数组使用 dtype() 函数获取 my_array 的数据类型,输出为 int 64。

现在我们来看一些特殊数组的示例程序。

首先使用 np.zeros() 函数创建一个元素全部为 0 的数组,如下所示。

```
student@ubuntu:~$ python3
Python 3.6.7 (default, Oct 22 2018, 11:32:17)
[GCC 8.2.0] on linux
Type "help", "copyright", "credits" or "license" for more information.
>>> import numpy as np
>>> np.zeros(5)
array([0., 0., 0., 0., 0.])
>>>
```

在创建了元素全部为 0 的数组之后,接着使用 NumPy 的 np.ones() 函数创建元素全部为 1 数组,如下所示。

```
>>> np.ones((5,5))
array([[1., 1., 1., 1., 1.],
       [1., 1., 1., 1., 1.],
```

```
              [1., 1., 1., 1., 1.],
              [1., 1., 1., 1., 1.],
              [1., 1., 1., 1., 1.]])
>>>
```

np.ones((5,5))创建了一个 5 × 5 的数组，其中所有元素值都为 1。

现在使用 NumPy 的 np.empty() 函数创建一个空数组，如下所示。

```
>>> np.empty([2,2])
array([[6.86506982e-317,  0.00000000e+000],
       [6.89930557e-310,  2.49398949e-306]])
>>>
```

因为 np.empty() 不会像 np.zeros() 函数一样将数组值设置为 0，所以此函数运行速度可以更快，但是它要求用户在使用数组前手动输入所有值，应谨慎使用。

现在我们来看如何使用 np.eye() 函数创建一个单位矩阵数组，即数组对角线上的值为 1，如下所示。

```
>>> np.eye(5)
array([[1., 0., 0., 0., 0.],
       [0., 1., 0., 0., 0.],
       [0., 0., 1., 0., 0.],
       [0., 0., 0., 1., 0.],
       [0., 0., 0., 0., 1.]])
>>>
```

然后使用 NumPy 的 np.arange() 函数创建一个数组，如下所示。

```
>>> np.arange(10)
array([0, 1, 2, 3, 4, 5, 6, 7, 8, 9])
>>>
```

np.arange(10) 函数创建了范围为 0～9 的数组，这里定义了范围值 10，因为数组的索引值是从 0 开始计算的。

17.1.1 使用数组和标量

本节我们将使用 NumPy 对数组进行各种算术运算。首先创建一个多维数组，如下所示。

```
student@ubuntu:~$ python3
Python 3.6.7 (default, Oct 22 2018, 11:32:17)
[GCC 8.2.0] on linux
Type "help", "copyright", "credits" or "license" for more information.
```

17.1 NumPy 模块

```
>>> import numpy as np
>>> from __future__ import division
>>> arr = np.array([[4,5,6],[7,8,9]])
>>> arr
array([[4, 5, 6],
       [7, 8, 9]])
>>>
```

这里导入了 numpy 模块以使用 NumPy 相关函数，然后导入了 __future__ 模块来处理浮点数，之后创建了一个二维数组 arr，以对其执行各种操作。

下面是数组的一些算术运算的示例。首先是数组的乘法运算，如下所示。

```
>>> arr*arr
array([[16, 25, 36],
       [49, 64, 81]])
>>>
```

在上面的乘法运算中，程序将两个相同的 arr 数组相乘，得到一个新数组。当然也可以将两个不同的数组相乘。

对于数组的减法运算，如下所示。

```
>>> arr-arr
array([[0, 0, 0],
       [0, 0, 0]])
>>>
```

如上所示，使用-运算符使两个数组相减，之后输出了计算结果。

然后是标量与数组的算术运算，如下所示。

```
>>> 1 / arr
array([[0.25      , 0.2       , 0.16666667],
       [0.14285714, 0.125     , 0.11111111]])
>>>
```

如上所示，用 1 除以数组得到输出。之前导入了 __future__ 模块，它对此类操作很有用，可以处理数组中的浮点数。

最后是数组的指数运算，如下所示。

```
>>> arr ** 3
array([[ 64, 125, 216],
       [343, 512, 729]])
>>>
```

第 17 章 统计信息的收集和报告

如上所示,程序对数组进行指数运算,即对数组中每个值进行指数运算,得到新数组。

17.1.2 数组索引

我们可以使用索引提取数组的特定部分,索引将返回原始数组的一个副本。NumPy 数组可以使用任何其他序列或数组(不包括元组)进行索引。数组中的最后一个元素的索引是-1,倒数第二个元素的索引是-2,依此类推。

要对数组执行索引操作,首先我们要创建一个新的 NumPy 数组,这里使用 arange() 函数来创建数组,如下所示。

```
student@ubuntu:~$ python3
Python 3.6.7 (default, Oct 22 2018, 11:32:17)
[GCC 8.2.0] on linux
Type "help", "copyright", "credits" or "license" for more information.
>>> import numpy as np
>>> arr = np.arange(0,16)
>>> arr
array([ 0,  1,  2,  3,  4,  5,  6,  7,  8,  9, 10, 11, 12, 13, 14, 15])
>>>
```

上面的程序创建了范围为 16(也就是 0~15)的数组 arr,现在将对数组 arr 执行不同的索引操作。首先获取数组指定索引处的值。

```
>>> arr[7]
7
>>>
```

上面的示例程序通过索引访问数组,在将索引号传递给数组 arr 后,数组返回值 7,这就是索引为 7 的元素的值。

获取指定索引的值后,接下来将获取一个范围内的值。来看下面的示例程序。

```
>>> arr[2:10]
array([2, 3, 4, 5, 6, 7, 8, 9])
>>> arr[2:10:2]
array([2, 4, 6, 8])
>>>
```

上面的示例程序首先获取了 2~10 范围内的值,输出为 array([2,3,4,5,6,7,8,9]) 数据。第二个语句 arr[2:10:2] 表示以 2 为间隔获取数组 2~10 范围内的值,语法为 arr[_start_value_:_stop_value_:_steps_]，所以此语句的输出是 array([2,4,6,8])。

我们还可以获取数组给定索引到结束位置的值，如下所示。

```
>>> arr[5:]
array([ 5,  6,  7,  8,  9, 10, 11, 12, 13, 14, 15])
>>>
```

如上所示，获取数组从第 5 个索引到结束位置的所有值，得到的输出为 array([5,6,7,8,9,10,11,12,13,14,15])。

现在我们来看 NumPy 数组的切片的示例程序。切片即获取原始数组的一部分，并将其存储在另外的数组中。

```
>>> arr_slice = arr[0:8]
>>> arr_slice
array([0, 1, 2, 3, 4, 5, 6, 7])
>>>
```

上面的示例程序对原始数组进行切片，获得了一个数组 [0, 1, 2, …, 7]。

我们还可以为数组的切片提供新值，如下所示。

```
>>> arr_slice[:] = 29
>>> arr_slice
array([29, 29, 29, 29, 29, 29, 29, 29])
>>>
```

上面的示例程序将切片数组中的所有值都设置为 29。重要的是，在为切片数组分配值时，分配给切片数组的值也将分配给原始数组。

来看切片数组赋值对原始数组的影响，如下所示。

```
>>> arr
array([29, 29, 29, 29, 29, 29, 29, 29,  8,  9, 10, 11, 12, 13, 14, 15])
>>>
```

现在来看另一种操作，复制数组。切片和复制数组之间的区别在于，当我们对数组进行切片时，所做的更改也将应用于原始数组。而当复制数组时，会获取一个原始数组的副本。因此，应用于数组副本的更改不会影响原始数组。现在来看一个复制数组的示例程序。

```
>>> cpying_arr = arr.copy()
>>> cpying_arr
```

```
array([29, 29, 29, 29, 29, 29, 29, 29,  8,  9, 10, 11, 12, 13, 14, 15])
>>>
```

上面的示例程序获取了原始数组的副本。这里使用了 copy() 函数，输出了原始数组的副本。

索引二维数组

二维数组是数组的数组。数据元素的位置通常需要两个索引值，即用行和列指定一个数据元素。现在我们对这种类型的数组进行索引操作。

我们来看一个二维数组的示例程序。

```
>>> td_array = np.array(([5,6,7],[8,9,10],[11,12,13]))
>>> td_array
array([[ 5,  6,  7],
       [ 8,  9, 10],
       [11, 12, 13]])
>>>
```

上面的示例程序创建了一个二维数组 td_array，之后输出了 td_array，最后通过索引获取 td_array 中的值。来看一个通过索引访问值的示例程序。

```
>>> td_array[1]
array([ 8,  9, 10])
>>>
```

上面的示例程序访问数组的第 1 个索引并输出，这样的索引得到的是一个数组。当然我们也可以获取特定的值，而不是整个数组。来看一个示例程序。

```
>>> td_array[1,0]
8
>>>
```

上面的示例程序通过行和列两个索引来访问 td_array，得到的输出为 8。

我们也可以用其他的方式设置二维数组。首先设置二维数组的长度，这里设置为 10，创建一个包含全 0 值的样本数组，然后在其中设置值。来看一个示例程序。

```
>>> td_array = np.zeros((10,10))
>>> td_array
array([[0., 0., 0., 0., 0., 0., 0., 0., 0., 0.],
       [0., 0., 0., 0., 0., 0., 0., 0., 0., 0.],
       [0., 0., 0., 0., 0., 0., 0., 0., 0., 0.],
       [0., 0., 0., 0., 0., 0., 0., 0., 0., 0.],
```

17.1 NumPy 模块

```
            [0., 0., 0., 0., 0., 0., 0., 0., 0., 0.],
            [0., 0., 0., 0., 0., 0., 0., 0., 0., 0.],
            [0., 0., 0., 0., 0., 0., 0., 0., 0., 0.],
            [0., 0., 0., 0., 0., 0., 0., 0., 0., 0.],
            [0., 0., 0., 0., 0., 0., 0., 0., 0., 0.],
            [0., 0., 0., 0., 0., 0., 0., 0., 0., 0.]])
>>> for i in range(10):
...         td_array[i] = i
...
>>> td_array
array([[0., 0., 0., 0., 0., 0., 0., 0., 0., 0.],
       [1., 1., 1., 1., 1., 1., 1., 1., 1., 1.],
       [2., 2., 2., 2., 2., 2., 2., 2., 2., 2.],
       [3., 3., 3., 3., 3., 3., 3., 3., 3., 3.],
       [4., 4., 4., 4., 4., 4., 4., 4., 4., 4.],
       [5., 5., 5., 5., 5., 5., 5., 5., 5., 5.],
       [6., 6., 6., 6., 6., 6., 6., 6., 6., 6.],
       [7., 7., 7., 7., 7., 7., 7., 7., 7., 7.],
       [8., 8., 8., 8., 8., 8., 8., 8., 8., 8.],
       [9., 9., 9., 9., 9., 9., 9., 9., 9., 9.]])
>>>
```

上面的示例程序创建了一个 10×10 的二维数组。现在对它做一些特别的索引操作，如下所示。

```
>>> td_array[[1,3,5,7]]
array([[1., 1., 1., 1., 1., 1., 1., 1., 1., 1.],
       [3., 3., 3., 3., 3., 3., 3., 3., 3., 3.],
       [5., 5., 5., 5., 5., 5., 5., 5., 5., 5.],
       [7., 7., 7., 7., 7., 7., 7., 7., 7., 7.]])
>>>
```

上面的示例程序获取了特定索引的值，如输出所示。

17.1.3 通用函数

通用函数对 NumPy 数组中的所有元素执行相同操作。现在我们来看一个在数组上执行通用函数的示例程序。首先是对数组求平方根。创建一个脚本，命名为 sqrt_array.py，并在其中写入以下代码。

```
import numpy as np

array = np.arange(16)
print("The Array is : ",array)
Square_root = np.sqrt(array)
```

```
print("Square root of given array is : ", Square_root)
```

运行脚本程序,如下所示。

```
student@ubuntu:~/work$ python3 sqrt_array.py
```

输出如下。

```
The Array is : [ 0  1  2  3  4  5  6  7  8  9 10 11 12 13 14 15]
Square root of given array is : [0.         1.         1.41421356 1.73205081 2.         2.23606798
 2.44948974 2.64575131 2.82842712 3.         3.16227766 3.31662479
 3.46410162 3.60555128 3.74165739 3.87298335]
```

上面的示例程序使用 arange() 函数创建了一个简单的 NumPy 数组,然后在创建的数组上使用 sqrt() 函数来求数组的平方根。求得平方根后,接下来将在数组上使用另一个通用函数,即 exp() 函数。来看一个示例程序。创建一个脚本,命名为 expo_array.py,并在其中写入以下代码。

```python
import numpy as np

array = np.arange(16)
print("The Array is : ",array)
exp = np.exp(array)
print("exponential of given array is : ", exp)
```

运行脚本程序,如下所示。

```
student@ubuntu:~/work$ python3 expo_array.py
```

输出如下。

```
The Array is :  [ 0  1  2  3  4  5  6  7  8  9 10 11 12 13 14 15]
exponential of given array is :  [1.00000000e+00 2.71828183e+00
 7.38905610e+00 2.00855369e+01
 5.45981500e+01 1.48413159e+02 4.03428793e+02 1.09663316e+03
 2.98095799e+03 8.10308393e+03 2.20264658e+04 5.98741417e+04
 1.62754791e+05 4.42413392e+05 1.20260428e+06 3.26901737e+06]
```

上面的示例程序使用 NumPy 的 arange() 函数创建了一个简单数组,然后在创建的数组上使用 exp() 函数来求得指数。

17.2 Pandas 模块

本节我们将学习 Pandas 模块。Pandas 模块提供便捷灵活的数据结构,专为处理结构化数据和时间序列数据而设计，常用于数据分析。Pandas 模块构建在 NumPy 和 Matplotlib 等软件包基础上，为开发者提供了大部分数据分析和可视化工具。使用此模块需要先导入它。

通过运行以下命令，安装所需程序包。

```
$ pip3 install pandas
$ pip3 install matplotlib
```

接下来我们将看到一些使用 Pandas 模块的示例程序，其中会用到两种数据结构：序列和数据帧。还将学习如何使用 Pandas 从 CSV 文件中读取数据。

17.2.1 序列

Pandas 序列是一维数组，它可以存储任何数据类型。现在我们来看一个使用序列的示例程序，这里将在不声明索引的情况下展示序列。创建一个脚本，命名为 series_without_index.py，并在其中写入以下代码。

```python
import pandas as pd
import numpy as np

s_data = pd.Series([10, 20, 30, 40], name = 'numbers')
print(s_data)
```

运行脚本程序，如下所示。

```
student@ubuntu:~/work$ python3 series_without_index.py
```

输出如下。

```
0    10
1    20
2    30
3    40
Name: numbers, dtype: int64
```

上面的示例程序展示了序列，但没有声明索引。在程序中，首先导入了两个模块：pandas 和 numpy，接着创建了存储序列数据的 s_data 对象。在该序列中，首先创建了一个列表，而不是声明索引，这里提供了 name 属性，表示列表的名字，然后输出了数据。在输出中，左列是数据的索引，也就是说，就算我们没有声明索引，Pandas 也会隐式地声明索引。索引始终从 0 开始。紧接着输出的是序列名称和值的类型。

现在我们来看一个声明索引的序列的示例程序，这里还将执行索引和切片操作。创建一个脚本 series_with_index.py，并在其中写入以下代码。

```
import pandas as pd
import numpy as np

s_data = pd.Series([10, 20, 30, 40], index = ['a', 'b', 'c', 'd'], name = 'numbers')
print(s_data)
print()
print("The data at index 2 is: ", s_data[2])
print("The data from range 1 to 3 are:\n", s_data[1:3])
```

运行脚本程序，输出如下。

```
student@ubuntu:~/work$ python3 series_with_index.py
a    10
b    20
c    30
d    40
Name: numbers, dtype: int64

The data at index 2 is:  30
The data from range 1 to 3 are:
 b    20
c    30
Name: numbers, dtype: int64
```

上面的示例程序在 index 属性中为数据声明了索引。在输出中，左列显示的是声明的索引。

17.2.2 数据帧

本节我们将学习 Pandas 的数据帧。数据帧是二维数据结构，且列可以具有不同的数据类型。数据帧类似于 SQL 表或电子表格，它是使用 Pandas 时常见的对象。

现在我们来看一个从 CSV 文件中将数据读取到数据帧的示例程序。因此我们的目录中必须有一个 CSV 文件，如果没有，则创建一个名为 employee.csv 的文件，内容如下所示。

```
Id, Name, Department, Country
101, John, Finance, US
102, Mary, HR, Australia
```

```
103, Geeta, IT, India
104, Rahul, Marketing, India
105, Tom, Sales, Russia
```

现在把这个 CSV 文件读入数据帧。创建一个脚本文件，命名为 read_csv_dataframe.py，并在其中写入以下代码。

```python
import pandas as pd

file_name = 'employee.csv'
df = pd.read_csv(file_name)
print(df)
print()
print(df.head(3))
print()
print(df.tail(1))
```

运行脚本程序，如下所示。

```
student@ubuntu:~/work$ python3 read_csv_dataframe.py
```

输出如下。

```
    Id   Name  Department  Country
0  101   John     Finance       US
1  102   Mary          HR  Australia
2  103  Geeta          IT    India
3  104  Rahul   Marketing    India
4  105    Tom       Sales   Russia

    Id   Name  Department  Country
0  101   John     Finance       US
1  102   Mary          HR  Australia
2  103  Geeta          IT    India

    Id Name  Department  Country
4  105  Tom       Sales   Russia
```

我们首先创建了一个名为 employee.csv 的 CSV 文件。在程序中，使用 pandas 模块将 CSV 文件读入数据帧。程序创建了一个 df 对象，将 CSV 文件的内容读入其中，之后输出了这个数据帧。然后使用 head() 和 tail() 方法来获取特定数据行。脚本使用了 head(3)，表示输出前 3 行数据；语句 tail(1)，则表示输出最后一行数据。

17.3 数据可视化

数据可视化是指描述并理解数据重要信息，并以可视方式展示。本节将介绍以下数据可视化技术。

- Matplotlib。
- Plotly。

17.3.1 Matplotlib

Matplotlib 是 Python 中的数据可视化库，使用它只需几行代码就可以生成折线图、直方图、功率谱、条形图、错误图表和散点图等。Matplotlib 通常会使事情变得很容易，当然也有可能让事情变得复杂。

要在 Python 程序中使用 Matplotlib，首先必须要安装 Matplotlib。在终端中运行以下命令以安装 Matplotlib。

```
$ pip3 install matplotlib
```

然后，还需要再安装一个包 tkinter，用于图形界面的展示。使用以下命令安装。

```
$ sudo apt install python3-tk
```

现在 Matplotlib 已经被安装，接下来我们看一些示例程序。绘图时，图有两个重要组成部分：图形和坐标轴。图是容器，充当绘制所有内容的窗口，一次可以绘制多个独立的图。坐标轴是可以绘制数据或放置标签的区域，由 x 轴和 y 轴组成。

现在来看一些 Matplotlib 的示例程序，让我们从一个简单的例子开始。创建一个脚本，命名为 simple_plot.py，并在其中写入以下代码。

```python
import matplotlib.pyplot as plt
import numpy as np

x = np.linspace(0, 5, 10)
y = x**2
plt.plot(x,y)
plt.title("sample plot")
plt.xlabel("x axis")
plt.ylabel("y axis")
plt.show()
```

运行脚本程序，如下所示。

`student@ubuntu:~/work$ python3 simple_plot.py`

输出如图 17-1 所示。

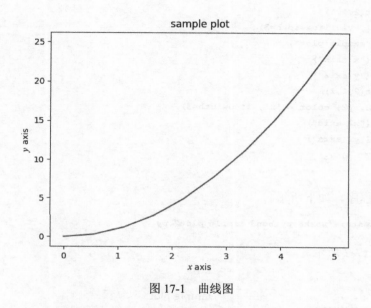

图 17-1　曲线图

上面的示例程序导入了两个模块 matplotlib 和 numpy，分别用于显示数据、创建数组 x 和 y。之后使用函数 plt.plot(x,y) 将两个数组绘制出来。然后使用 xlabel()、ylabel() 和 title() 函数为图表添加了标签和标题，最后使用了 plt.show() 函数显示这幅图。因为这里是在 Python 脚本中使用 Matplotlib，所以不要忘记在结尾添加 plt.show() 以显示绘图。

现在我们将创建两个数组以在图中显示两条曲线，并且将对两条曲线使用图表样式。下面的示例程序使用 ggplot 样式绘制图形。ggplot 是一个以声明方式绘制图形的系统，它基于图形语法。我们只需要向 ggplot 提供数据，然后告诉 ggplot 如何映射变量，以及使用哪些图元来负责图形细节。大多数情况都从使用 ggplot 样式开始。

现在，创建一个脚本，命名为 simple_plot2.py，并在其中写入以下代码。

```
import matplotlib.pyplot as plt
from matplotlib import style

style.use('ggplot')
```

```
x1 = [0,5,10]
y1 = [12,16,6]
x2 = [6,9,11]
y2 = [6,16,8]

plt.subplot(2,1,1)
plt.plot(x1, y1, linewidth=3)
plt.title("sample plot")
plt.xlabel("x axis")
plt.ylabel("y axis")
plt.subplot(2,1,2)
plt.plot(x2, y2, color = 'r', linewidth=3)
plt.xlabel("x2 axis")
plt.ylabel("y2 axis")

plt.show()
```

运行脚本程序，如下所示。

```
student@ubuntu:~/work$ python3 simple_plot2.py
```

输出如图 17-2 所示。

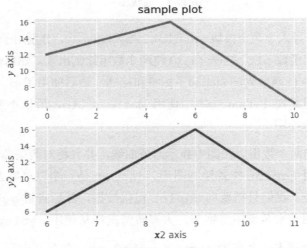

图 17-2 在同一画布上绘制两幅图

上面的示例程序首先导入了所需的模块，然后设置使用 ggplot 样式绘制图形，程序创建了两组数据：x1、y1 和 x2、y2，然后使用了子图函数 plt.subplot() 在同一个画布中绘制不同的图形。如果要在不同的画布上显示这两个图表，我们需要使用 `plt.figure()` 函数而不是 `plt.subplot()`。

现在我们使用 `plt.figure()` 函数绘制数组，并使用 Matplotlib 保存生成的图表。我们可以使用 `savefig()` 方法以不同的格式保存它们，例如 png、jpg 和 pdf 等。这里将上图保存为文件 `my_sample_plot.jpg`。现在来看一个示例程序。创建一个脚本，命名为 `simple_plot3.py`，并在其中写入以下代码。

```python
import matplotlib.pyplot as plt
from matplotlib import style

style.use('ggplot')

x1 = [0,5,10]
y1 = [12,16,6]
x2 = [6,9,11]
y2 = [6,16,8]

plt.figure(1)
plt.plot(x1, y1, color = 'g', linewidth=3)
plt.title("sample plot")
plt.xlabel("x axis")
plt.ylabel("y axis")
plt.savefig('my_sample_plot1.jpg')
plt.figure(2)

plt.plot(x2, y2, color = 'r', linewidth=3)
plt.xlabel("x2 axis")
plt.ylabel("y2 axis")
plt.savefig('my_sample_plot2.jpg')

plt.show()
```

运行脚本程序，如下所示。

```
student@ubuntu:~/work$ python3 simple_plot3.py
```

输出如图 17-3 所示。

上面的示例程序使用 `plt.figure()` 函数在不同的画布上绘制图表。之后使用了 `plt.plot()` 函数，此函数有不同的参数，这些参数用于设置图形不同属性。上面的示例程序还使用了一些参数：x1、x2、y1 和 y2，这是用于绘图的坐标点。然后使用了 `color` 参数为线条设定特定的颜色，使用第三个参数 `linewidth` 设定线的宽度。之后还使用 `savefig()` 方法将图表保存为特定的图像格式，我们可以在运行当前 Python 脚本的目录中找到它（如果没有指定其他路径）。

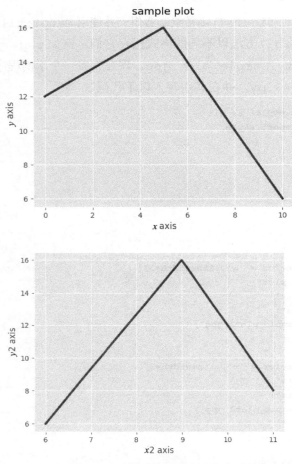

图 17-3　在不同画布中绘制图形

我们可以通过直接访问该目录来打开这些图像，也可以使用以下方法打开这些 Matplotlib 生成的图像。现在我们来看一个打开已保存的图表的示例程序。创建一个脚本，命名为 open_image.py，并在其中写入以下代码。

```
import matplotlib.pyplot as plt
import matplotlib.image as mpimg

plt.imshow(mpimg.imread('my_sample_plot1.jpg'))
plt.show()
```

运行脚本程序，如下所示。

```
student@ubuntu:~/work$ python3 open_image.py
```

输出如图 17-4 所示。

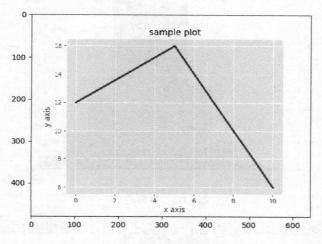

图 17-4　打开已保存的图表

上面的示例程序使用了 Matplotlib 的 imshow() 函数打开已保存的图表。

接下来我们将学习不同类型的图。Matplotlib 允许我们创建不同类型的图，来展示数组中的数据，例如直方图、散点图和条形图等。使用哪种类型的图取决于数据可视化的目的。下面是其中一些图表类型。

1. 直方图

直方图比单独均值或中位数更有助于理解数据的数值分布。这里使用 hist() 方法创建一个简单的直方图。我们来看一个创建简单直方图的示例程序。创建一个脚本，命名为 histogram_example.py，并在其中写入以下代码。

```
import matplotlib.pyplot as plt
import numpy as np

x = np.random.randn(500)
plt.hist(x)
plt.show()
```

运行脚本程序，如下所示。

```
student@ubuntu:~/work$ python3 histogram_example.py
```

输出如图 17-5 所示。

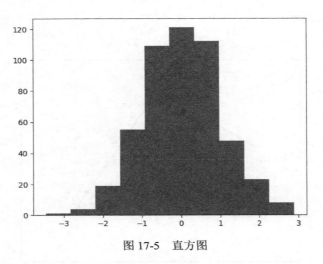

图 17-5　直方图

上面的示例程序使用 NumPy 创建了一个随机数组，然后使用 `plt.hist()` 方法绘制了直方图。

2. 散点图

散点图可以显示一个由点组成的集合数据。它提供了一种可视化数据之间相关性的便捷方法，这有助于我们理解多个变量之间的关系。这里将使用 `scatter()` 方法在散点图中可视化数据。在散点图中，点的位置取决于其 x 轴和 y 轴的值，即二维坐标值，因此数据集中的每个值都表示水平或垂直方向的位置。我们来看一个散点图的示例程序。创建一个脚本，命名为 `scatterplot_example.py`，并在其中写入以下代码。

```python
import matplotlib.pyplot as plt
import numpy as np

x = np.linspace(-2,2,100)
y = np.random.randn(100)
colors = np.random.rand(100)
plt.scatter(x,y,c=colors)
plt.show()
```

运行脚本程序，如下所示。

```
student@ubuntu:~/work$ python3 scatterplot_example.py
```

输出如图 17-6 所示。

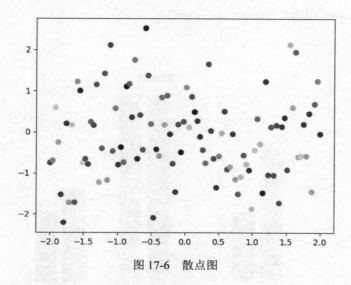

图 17-6 散点图

上面的示例程序首先获取了 x 和 y 坐标值,然后使用 `plt.scatter()` 方法可视化这些值,以获取 x 和 y 坐标值的散点图。

3. 条形图

条形图是以矩形条显示数据的图表,我们可以以垂直或水平方式来绘制。创建一个脚本,命名为 `bar_chart.py`,并在其中写入以下代码。

```
import matplotlib.pyplot as plt
from matplotlib import style

style.use('ggplot')

x1 = [4,8,12]
y1 = [12,16,6]
x2 = [5,9,11]
y2 = [6,16,8]

plt.bar(x1,y1,color = 'g',linewidth=3)
plt.bar(x2,y2,color = 'r',linewidth=3)
plt.title("Bar plot")

plt.xlabel("x axis")
plt.ylabel("y axis")

plt.show()
```

运行脚本程序,如下所示。

```
student@ubuntu:~/work$ python3 bar_chart.py
```

输出如图 17-7 所示。

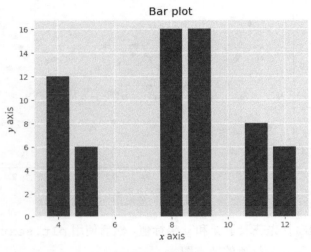

图 17-7　条形图

上面的示例程序使用了两组值:x1、y1 和 x2、y2。获取数据后,使用 `plt.bar()` 方法绘制当前数据的条形图。

还有许多方法可用于可视化数据,我们已经看到了 Matplotlib 其中一些数据可视化的技术或方法,其实还可以使用另一种数据可视化工具 Plotly 执行此类操作。

17.3.2　Plotly

Plotly 是一个交互式开源 Python 图形库。它是一个图表库,提供超过 30 种图表类型,例如科学计算图表、3D 图表、统计图表和财务图表等。

在 Python 中使用 Plotly,首先需要在系统中安装它。请在终端中运行以下命令安装 Plotly。

```
$ pip3 install plotly
```

我们可以在线和离线使用 Plotly。对于在线使用,则需要一个 Plotly 账户,然后需要在 Python 中设置账户凭据。

```
plotly.tools.set_credentials_file(username='Username',
```

```
api_key='APIkey')
```

如果要离线使用 Plotly，则需要使用 Plotly 中的 plotly.offline.plot() 函数。

本节将离线使用 Plotly。现在我们来看一个简单的示例程序。创建一个脚本，命名为 sample_plotly.py，并在其中写入以下代码。

```
import plotly
from plotly.graph_objs import Scatter, Layout

plotly.offline.plot({
    "data": [Scatter(x=[1, 4, 3, 4], y=[4, 3, 2, 1])],
    "layout": Layout(title="plotly_sample_plot")
})
```

运行脚本 sample_plotly.py，如下所示。

```
student@ubuntu:~/work$ python3 sample_plotly.py
```

输出如图 17-8 所示。

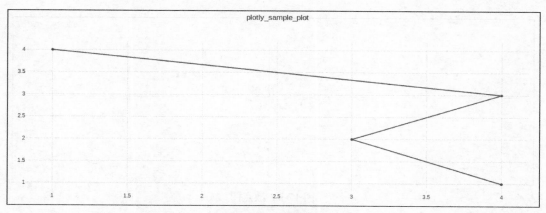

图 17-8　折线图

上面的示例程序首先导入了 plotly 模块，然后设置了 plotly 以供离线使用。程序中添加了一些参数，这对绘制图形非常有用。这里使用的参数是 data 和 layout，在 data 参数中指定了 x 和 y 数组作为数据，这些数据分别表示在 x 轴和 y 轴上绘制点的坐标值。然后使用 layout 参数指定图形的标题。上述程序的输出保存为 HTML 文件，并使用默认浏览器打开。此 HTML 文件与脚本位于同一目录中。

现在我们使用一些其他类型的图表来可视化数据，首先从散点图开始。

1. 散点图

创建一个脚本,命名为 scatter_plot_plotly.py,并在其中写入以下代码。

```
import plotly
import plotly.graph_objs as go
import numpy as np

x_axis = np.random.randn(100)
y_axis = np.random.randn(100)

trace = go.Scatter(x=x_axis, y=y_axis, mode = 'markers')
data_set = [trace]
plotly.offline.plot(data_set, filename='scatter_plot.html')
```

运行脚本 scatter_plot_plotly.py,如下所示。

```
student@ubuntu:~/work$ python3 scatter_plot_plotly.py
```

输出如图 17-9 所示。

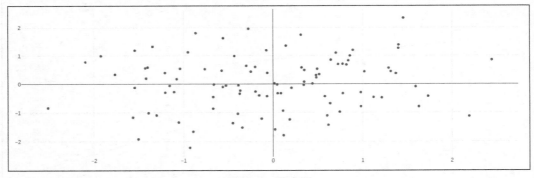

图 17-9 散点图

上面的示例程序导入了 plotly,然后使用 NumPy 创建了随机的数据。在生成数据之后,创建了一个 trace 对象,并在其中添加了之前生成的数据,生成散点。最后将 trace 对象中的数据放入 plotly.offline.plot() 函数中以绘制散点图。与第一个示例图一样,此程序的输出图像也以 HTML 格式保存,并显示在默认 Web 浏览器中。

2. 带线散点图

我们还可以创建一些更具信息可视性的图,例如带线散点图。我们来看一个示例程序。创建一个脚本,命名为 line_scatter_plot.py,并在其中写入以下代码。

```python
import plotly
import plotly.graph_objs as go
import numpy as np

x_axis = np.linspace(0, 1, 50)
y0_axis = np.random.randn(50)+5
y1_axis = np.random.randn(50)
y2_axis = np.random.randn(50)-5

trace0 = go.Scatter(x = x_axis,y = y0_axis,mode = 'markers',name = 'markers')
trace1 = go.Scatter(x = x_axis,y = y1_axis,mode = 'lines+markers',name = 'lines+markers')
trace2 = go.Scatter(x = x_axis,y = y2_axis,mode = 'lines',name = 'lines')

data_sets = [trace0, trace1, trace2]
plotly.offline.plot(data_sets, filename='line_scatter_plot.html')
```

运行脚本 `line_scatter_plot.py`，如下所示。

```
student@ubuntu:~/work$ python3 line_scatter_plot.py
```

输出如图 17-10 所示。

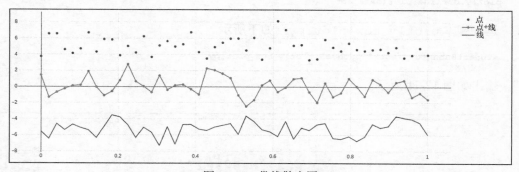

图 17-10　带线散点图

上面的示例程序首先导入了 `plotly` 以及 `numpy` 模块，然后为 x 轴和 3 个不同的 y 轴生成了一些随机的数据。之后，将该数据放入已创建的 `trace` 对象中，再将 `trace` 对象中的数据集放入 Plotly 的离线函数中。最后以带线散点图的形式输出。此示例程序的输出文件在当前目录中以名称 `line_scatter_plot.html` 保存。

3. 箱线图

箱线图通常含有许多有用信息，特别是当需要用很少的数据展示更多信息时，箱线图就会非常有用。我们来看一个示例程序。创建一个脚本，命名为 plotly_box_plot.py，并在其中写入以下代码。

```python
import random
import plotly
from numpy import *

N = 50.
c = ['hsl('+str(h)+',50%'+',50%)' for h in linspace(0, 360, N)]
data_set = [{
    'y': 3.5*sin(pi * i/N) + i/N+(1.5+0.5*cos(pi*i/N))*random.rand(20),
    'type':'box',
    'marker':{'color': c[i]}
    } for i in range(int(N))]

layout = {'xaxis': {'showgrid':False,'zeroline':False,
'tickangle':45,'showticklabels':False},
        'yaxis': {'zeroline':False,'gridcolor':'white'},
        'paper_bgcolor': 'rgb(233,233,233)',
        'plot_bgcolor': 'rgb(233,233,233)',
        }

plotly.offline.plot(data_set)
```

运行脚本 plotly_box_plot.py，如下所示。

```
student@ubuntu:~/work$ python3 plotly_box_plot.py
```

输出如图 17-11 所示。

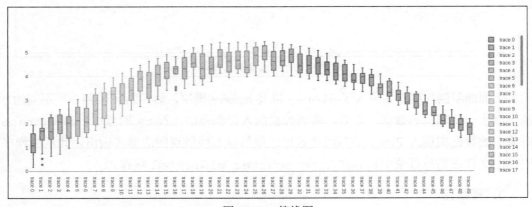

图 17-11　箱线图

上面的示例程序首先导入了 plotly 以及 numpy 模块。其中 N 表示为箱线图中的方框总数，并通过设定 HSL 色彩空间的饱和度和亮度，生成一系列不同色调来构成彩虹色数组。每个方框由包含数据、类型和颜色的字典表示。这里使用列表推导式来生成 N 个方框，每个方框具有不同的颜色和不同的随机生成数据。之后整理布局，并通过 Plotly 离线函数绘制数据。

4. 等高线图

等高线图常用于科研领域绘图，并在以热力图显示数据时被大量使用。我们来看一个等高线图的示例程序。创建一个脚本，命名为 contour_plotly.py，并在其中写入以下代码。

```python
from plotly import tools
import plotly
import plotly.graph_objs as go

trace0 = go.Contour(
    z=[[1, 2, 3, 4, 5, 6, 7, 8],
       [2, 4, 7, 12, 13, 14, 15, 16],
       [3, 1, 6, 11, 12, 13, 16, 17],
       [4, 2, 7, 7, 11, 14, 17, 18],
       [5, 3, 8, 8, 13, 15, 18, 19],
       [7, 4, 10, 9, 16, 18, 20, 19],
       [9, 10, 5, 27, 23, 21, 21, 21]],
    line=dict(smoothing=0),
)
trace1 = go.Contour(
    z=[[1, 2, 3, 4, 5, 6, 7, 8],
       [2, 4, 7, 12, 13, 14, 15, 16],
       [3, 1, 6, 11, 12, 13, 16, 17],
       [4, 2, 7, 7, 11, 14, 17, 18],
       [5, 3, 8, 8, 13, 15, 18, 19],
       [7, 4, 10, 9, 16, 18, 20, 19],
       [9, 10, 5, 27, 23, 21, 21, 21]],
    line=dict(smoothing=0.95),
)
data = tools.make_subplots(rows=1, cols=2,
                           subplot_titles=('Smoothing_not_applied',
'smoothing_applied'))
data.append_trace(trace0, 1, 1)
data.append_trace(trace1, 1, 2)

plotly.offline.plot(data)
```

运行脚本程序，如下所示。

```
student@ubuntu:~/work$ python3 contour_plotly.py
This is the format of your plot grid:
[ (1,1)  x1,y1 ]  [ (1,2)  x2,y2 ]
```

输出如图 17-12 所示。

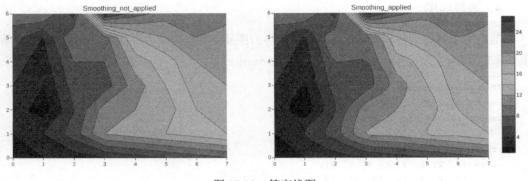

图 17-12　等高线图

上面的示例程序给定了一个数据集，并在其中使用了 contour() 函数。然后在 data 中添加轮廓数据，最后使用 Plotly 离线函数绘制图像并输出。

以上就是一些使用 Plotly 以可视化数据的技术。

17.4　总结

在本章中，我们学习了 NumPy 和 Pandas 模块以及数据可视化技术。在 NumPy 模块部分，我们学习了索引、切片数组以及通用数组函数。在 Pandas 模块部分，我们学习了序列和数据帧，还学习了如何将 CSV 文件读入数据帧。在数据可视化部分，我们了解了 Python 中用于数据可视化的模块：Matplotlib 和 Plotly。

在第 18 章中，我们将学习 MySQL 和 SQLite 数据库管理。

17.5　问题

1. 什么是 NumPy 数组？

2. 以下代码的输出是什么？

```python
import numpy as np
# 输入数组
in_arr1 = np.array([[ 1, 2, 3], [ -1, -2, -3]] )
print ("1st Input array : \n", in_arr1)
in_arr2 = np.array([[ 4, 5, 6], [ -4, -5, -6]] )
print ("2nd Input array : \n", in_arr2)
# 水平堆积两个数组
out_arr = np.hstack((in_arr1, in_arr2))
print ("Output stacked array :\n ", out_arr)
```

3. 如何用比 np.sum 函数更快的方法对一个小数组求和？

4. 如何从 Pandas 数据帧中删除索引、行或列？

5. 如何将 Pandas 数据帧写入文件？

6. Pandas 中的 NaN 是什么？

7. 如何从 Pandas 数据帧中删除重复项？

8. 如何更改 Matplotlib 图表的数字大小？

9. Python 还有哪些可视化数据的方法？

第 18 章
MySQL 和 SQLite 数据库管理

本章我们将学习 MySQL 和 SQLite 数据库管理。其中将学习如何安装 MySQL 和 SQLite、创建用户、授予权限、创建数据库和创建表、将数据插入表中、查看表中的特定记录，以及更新和删除数据。

本章将介绍以下主题。

- MySQL 数据库管理。
- SQLite 数据库管理。

18.1 MySQL 数据库管理

本节我们将学习使用 Python 进行 MySQL 数据库管理。Python 有多种用于 MySQL 数据库管理的模块，这里使用 `MySQLdb` 模块。`MySQLdb` 模块是 MySQL 数据库服务器的接口，用于向 Python 提供数据库 API。

首先我们需要安装 MySQL 和 Python 的 `MySQLdb` 包，在终端中运行以下命令。

```
$ sudo apt install mysql-server
```

此命令安装 MySQL 服务器和各种相关软件包。安装软件包时，系统会提示我们输入 MySQL root 账户的密码。

以下命令用于查看要安装的 `MySQLdb` 包。

```
$ apt-cache search MySQLdb
```

以下命令安装 MySQL 的 Python 接口。

```
$ sudo apt-get install python3-mysqldb
```

现在检查 MySQL 是否正确安装，在终端中运行以下命令。

```
student@ubuntu:~$ sudo mysql -u root -p
```

运行命令后，如下所示。

```
Enter password:
Welcome to the MySQL monitor.  Commands end with ; or \g.
Your MySQL connection id is 10
Server version: 5.7.24-0ubuntu0.18.04.1 (Ubuntu)

Copyright (c) 2000, 2018, Oracle and/or its affiliates. All rights reserved.

Oracle is a registered trademark of Oracle Corporation and/or its affiliates. Other
names may be trademarks of their respective owners.

Type 'help;' or '\h' for help. Type '\c' to clear the current input statement.

mysql>
```

运行 `sudo mysql -u root -p`，打开 MySQL 控制台。使用以下部分命令列出数据库和表，并使用数据库来存储我们的操作。

列出所有数据库。

```
show databases;
```

使用数据库。

```
use database_name;
```

列出所有表。

```
show tables;
```

以上就是列出所有数据库、使用数据库和列出表的命令。

每当退出 MySQL 控制台并在一段时间后再次登录时，我们就必须使用 `use database_name` 命令，将所有操作保存在数据库中。我们可以通过以下示例详细了解这一点。

现在，我们在 MySQL 控制台中使用 create database 语句创建一个数据库。运行 `mysql -u root -p` 打开 MySQL 控制台，然后输入在安装时设置的密码，按 Enter 键。最后创建数据库。本节将创建一个名为 test 的数据库，后面也将使用此数据库。

第 18 章　MySQL 和 SQLite 数据库管理

在终端中运行以下命令。

```
student@ubuntu:~/work/mysql_testing$ sudo mysql -u root -p
```

运行命令后，如下所示。

```
Enter password:
Welcome to the MySQL monitor.  Commands end with ; or \g.
Your MySQL connection id is 16
Server version: 5.7.24-0ubuntu0.18.04.1 (Ubuntu)

Copyright (c) 2000, 2018, Oracle and/or its affiliates. All rights reserved.

Oracle is a registered trademark of Oracle Corporation and/or its affiliates. Other
names may be trademarks of their respective owners.

Type 'help;' or '\h' for help. Type '\c' to clear the current input statement.

mysql>
mysql> show databases;
+--------------------+
| Database           |
+--------------------+
| information_schema |
| mysql              |
| performance_schema |
| sys                |
+--------------------+
4 rows in set (0.10 sec)

mysql> create database test;
Query OK, 1 row affected (0.00 sec)

mysql> show databases;
+--------------------+
| Database           |
+--------------------+
| information_schema |
| mysql              |
| performance_schema |
| sys                |
| test               |
+--------------------+
5 rows in set (0.00 sec)
```

```
mysql> use test;
Database changed
mysql>
```

上面的示例程序首先使用 show databases 列出了所有数据库，接着使用 create database 创建了数据库测试，然后再次使用 show databases 以查看数据库是否已创建。我们可以看到数据库现已创建，接着使用该数据库来存储正在进行的操作结果。

现在将创建一个用户并为该用户授予权限，运行以下命令。

```
mysql> create user 'test_user'@'localhost' identified by 'test123';
Query OK, 0 rows affected (0.06 sec)

mysql> grant all on test.* to 'test_user'@'localhost';
Query OK, 0 rows affected (0.02 sec)

mysql>
```

这里创建了一个 test_user 用户，该用户的密码是 test123。然后为 test_user 用户授予所有权限。最后通过 quit 命令或者 exit 命令退出 MySQL 控制台。

接下来我们将学习获取数据库版本号、创建表、向表插入一些数据、检索数据、更新数据和删除数据的示例程序。

18.1.1 获取数据库版本号

我们来看获取数据库版本号的示例程序。创建一个脚本，命名为 get_database_version.py，并在其中写入以下代码。

```
import MySQLdb as mdb
import sys

con_obj = mdb.connect('localhost', 'test_user', 'test123', 'test')
cur_obj = con_obj.cursor()
cur_obj.execute("SELECT VERSION()")
version = cur_obj.fetchone()
print ("Database version: %s " % version)

con_obj.close()
```

在运行此脚本之前，请务必保证已经完成上述步骤，不应该跳过这些步骤。

运行脚本程序，如下所示。

```
student@ubuntu:~/work/mysql_testing$ python3 get_database_version.py
```

输出如下。

```
Database version: 5.7.24-0ubuntu0.18.04.1
```

上面的示例程序获取了数据库版本号。首先导入了 MySQLdb 模块，然后根据给出的包含用户名、密码、数据库名的字符串连接了数据库，接着创建了一个用于执行 SQL 查询的 cursor 对象。在 execute() 函数中，给出了一个 SQL 查询语句。fetchone() 函数获取了一行查询结果。最后输出结果。close() 方法用于关闭数据库连接。

18.1.2　创建表并插入数据

现在我们创建一个表，并向其中插入一些数据。创建一个脚本，命名为 create_insert_data.py，并在其中写入以下代码。

```python
import MySQLdb as mdb

con_obj = mdb.connect('localhost', 'test_user', 'test123', 'test')
with con_obj:
        cur_obj = con_obj.cursor()
        cur_obj.execute("DROP TABLE IF EXISTS books")
        cur_obj.execute("CREATE TABLE books(Id INT PRIMARY KEY AUTO_INCREMENT, Name VARCHAR(100))")
        cur_obj.execute("INSERT INTO books(Name) VALUES('Harry Potter')")
        cur_obj.execute("INSERT INTO books(Name) VALUES('Lord of the rings')")
        cur_obj.execute("INSERT INTO books(Name) VALUES('Murder on the Orient Express')")
        cur_obj.execute("INSERT INTO books(Name) VALUES('The adventures of Sherlock Holmes')")
        cur_obj.execute("INSERT INTO books(Name) VALUES('Death on the Nile')")

print("Table Created !!")
print("Data inserted Successfully !!")
```

运行脚本程序，如下所示。

```
student@ubuntu:~/work/mysql_testing$ python3 create_insert_data.py
```

输出如下。

```
Table Created !!
Data inserted Successfully !!
```

要检查表是否已成功被创建,需打开 MySQL 控制台并运行以下命令。

```
student@ubuntu:~/work/mysql_testing$ sudo mysql -u root -p
```

运行命令后,输出如下。

```
Enter password:
Welcome to the MySQL monitor.  Commands end with ; or \g.
Your MySQL connection id is 6
Server version: 5.7.24-0ubuntu0.18.04.1 (Ubuntu)
Copyright (c) 2000, 2018, Oracle and/or its affiliates. All rights reserved.

Oracle is a registered trademark of Oracle Corporation and/or its affiliates. Other
names may be trademarks of their respective owners.

Type 'help;' or '\h' for help. Type '\c' to clear the current input statement.

mysql>
mysql>
mysql> use test;
Reading table information for completion of table and column names
You can turn off this feature to get a quicker startup with -A

Database changed
mysql> show tables;
+-----------------+
| Tables_in_test  |
+-----------------+
| books           |
+-----------------+
1 row in set (0.00 sec)
```

我们可以看到表 books 已经被创建。

18.1.3 检索数据

现在我们使用 select 语句从表中检索数据,这里从 books 表中检索数据。创建一个脚本,命名为 retrieve_data.py,并在其中写入以下代码。

```python
import MySQLdb as mdb

con_obj = mdb.connect('localhost', 'test_user', 'test123', 'test')
with con_obj:
        cur_obj = con_obj.cursor()
        cur_obj.execute("SELECT * FROM books")
```

```
records = cur_obj.fetchall()
for r in records:
        print(r)
```

运行脚本程序,如下所示。

`student@ubuntu:~/work/mysql_testing$ python3 retrieve_data.py`

输出如下。

```
(1, 'Harry Potter')
(2, 'Lord of the rings')
(3, 'Murder on the Orient Express')
(4, 'The adventures of Sherlock Holmes')
(5, 'Death on the Nile')
```

上面的示例程序从表中检索了数据。首先使用了 MySQLdb 模块,接着连接了数据库,并创建了一个 cursor 对象来执行 SQL 查询。在 execute() 函数中,给出了一个 select 语句。最后输出了查询到的记录。

18.1.4 更新数据

如果想在数据库记录中进行一些更改,我们可以使用 update 语句,以下是一个 update 语句的示例程序。我们创建一个脚本,命名为 update_data.py,并在其中写入以下代码。

```
import MySQLdb as mdb
con_obj = mdb.connect('localhost', 'test_user', 'test123', 'test')
cur_obj = con_obj.cursor()
cur_obj.execute("UPDATE books SET Name = 'Fantastic Beasts' WHERE Id = 1")
try:
    con_obj.commit()
except:
    con_obj.rollback
```

运行脚本程序,如下所示。

`student@ubuntu:~/work/mysql_testing$ python3 update_data.py`

现在检查数据库中的记录是否已更新,运行 retrieve_data.py,如下所示。

`student@ubuntu:~/work/mysql_testing$ python3 retrieve_data.py`

输出如下。

```
(1, 'Fantastic Beasts')
```

```
(2, 'Lord of the rings')
(3, 'Murder on the Orient Express')
(4, 'The adventures of Sherlock Holmes')
(5, 'Death on the Nile')
```

我们可以看到 ID 为 1 的数据已更新。上面的示例程序在 execute()中给出了一个 update 语句，用于更新 ID 为 1 的记录。

18.1.5 删除数据

现在我们使用 delete 语句从表中删除特定记录，以下是删除数据的示例程序。创建一个脚本，命名为 delete_data.py，并在其中写入以下代码。

```
import MySQLdb as mdb

con_obj = mdb.connect('localhost', 'test_user', 'test123', 'test')
cur_obj = con_obj.cursor()
cur_obj.execute("DELETE FROM books WHERE Id = 5");
try:
        con_obj.commit()
except:
        con_obj.rollback()
```

运行脚本程序，如下所示。

```
student@ubuntu:~/work/mysql_testing$ python3 delete_data.py
```

现在检查数据库中的记录是否已删除，运行 retrieve_data.py，如下所示。

```
student@ubuntu:~/work/mysql_testing$ python3 retrieve_data.py
```

输出如下。

```
(1, 'Fantastic Beasts')
(2, 'Lord of the rings')
(3, 'Murder on the Orient Express')
(4, 'The adventures of Sherlock Holmes')
```

我们可以看到 ID 为 5 的记录已被删除。上面的示例程序使用 delete 语句删除特定记录，这里删除了 ID 为 5 的记录。我们还可以使用其他任何字段名称删除对应记录。

18.2 SQLite 数据库管理

本节我们将学习如何安装和使用 SQLite。Python 的 SQLite 3 模块用于执行 SQLite

数据库任务。SQLite 是一个无服务器、零配置、事务性的 SQL 数据库引擎。SQLite 非常快速且轻量，整个数据库存储在单个磁盘文件中。

现在我们安装 SQLite，在终端中运行以下命令。

```
$ sudo apt install sqlite3
```

本节我们将学习这些操作：连接数据库、创建表、将数据插入表、检索数据，以及更新和删除表中的数据。

现在我们来看如何创建 SQLite 数据库。在终端中编写命令以创建数据库，如下所示。

```
$ sqlite3 test.db
```

运行此命令，将会在终端中打开 SQLite 控制台，如下所示。

```
student@ubuntu:~$ sqlite3 test.db
SQLite version 3.22.0 2018-01-22 18:45:57
Enter ".help" for usage hints.
sqlite>
```

我们通过简单地运行 `sqlite3 test.db` 就创建了数据库。

18.2.1 连接数据库

现在我们来看如何连接数据库。这里需要创建一个脚本。Python 已经在标准库中包含了 SQLite 3 模块，我们在使用 SQLite 时导入它即可。创建一个脚本，命名为 `connect_database.py`，并在其中写入以下代码。

```python
import sqlite3

con_obj = sqlite3.connect('test.db')
print ("Database connected successfully !!")
```

运行脚本程序，如下所示。

```
student@ubuntu:~/work $ python3 connect_database.py
```

输出如下。

```
Database connected successfully !!
```

上面的示例程序导入了 SQLite 3 模块，然后执行了连接操作。现在查看目录，我们可以找到已经创建的 `test.db` 数据库。

18.2.2 创建表

现在我们将在数据库中创建一个表。创建一个脚本,命名为 create_table.py,并在其中添加以下代码。

```
import sqlite3

con_obj = sqlite3.connect("test.db")
with con_obj:
        cur_obj = con_obj.cursor()
        cur_obj.execute("""CREATE TABLE books(title text, author text)""")
print ("Table created")
```

运行脚本程序,如下所示。

```
student@ubuntu:~/work $ python3 create_table.py
```

输出如下。

```
Table created
```

上面的示例程序使用 CREATE TABLE 语句创建了一个表。首先使用 connect() 函数与 test.db 数据库建立了连接,接着创建了一个 cursor 对象,用于在数据库上执行 SQL 查询。

18.2.3 插入数据

现在我们将数据插入到表中。创建一个脚本,命名为 insert_data.py,并在其中写入以下代码。

```
import sqlite3

con_obj = sqlite3.connect("test.db")
with con_obj:
        cur_obj = con_obj.cursor()
        cur_obj.execute("INSERT INTO books VALUES ('Pride and Prejudice', 'Jane Austen')")
        cur_obj.execute("INSERT INTO books VALUES ('Harry Potter', 'J.K Rowling')")
        cur_obj.execute("INSERT INTO books VALUES ('The Lord of the Rings', 'J. R. R. Tolkien')")
        cur_obj.execute("INSERT INTO books VALUES ('Murder on the Orient Express', 'Agatha Christie')")
        cur_obj.execute("INSERT INTO books VALUES ('A Study in Scarlet', 'Arthur Conan Doyle')")
        con_obj.commit()
```

```
print("Data inserted Successfully !!")
```

运行脚本程序,如下所示。

```
student@ubuntu:~/work$ python3 insert_data.py
```

输出如下。

```
Data inserted Successfully !!
```

上面的示例程序将一些数据插入到表中,这里使用了 insert 语句,并使用了 commit() 函数让数据库保存当前所有事务。

18.2.4 检索数据

现在我们从表中检索数据。创建一个脚本,命名为 retrieve_data.py,并在其中写入以下代码。

```
import sqlite3

con_obj = sqlite3.connect('test.db')
cur_obj = con_obj.execute("SELECT title, author from books")
for row in cur_obj:
        print ("Title = ", row[0])
        print ("Author = ", row[1], "\n")

con_obj.close()
```

运行脚本程序,如下所示。

```
student@ubuntu:~/work$ python3 retrieve_data.py
```

输出如下。

```
Title =  Pride and Prejudice
Author =  Jane Austen

Title =  Harry Potter
Author =  J.K Rowling

Title =  The Lord of the Rings
Author =  J. R. R. Tolkien

Title =  Murder on the Orient Express
```

```
Author = Agatha Christie

Title = A Study in Scarlet
Author = Arthur Conan Doyle
```

上面的示例程序导入了 SQLite 3 模块，接着连接了 test.db 数据库，然后使用了 select 语句检索数据，最后输出检索到的数据。

我们还可以在 SQLite 3 控制台中检索数据。首先启动 SQLite 控制台，然后按如下方式检索数据。运行如下命令。

```
student@ubuntu:~/work/sqlite3_testing$ sqlite3 test.db
```

输出如下。

```
SQLite version 3.22.0 2018-01-22 18:45:57
Enter ".help" for usage hints.
sqlite>
sqlite> select * from books;
Pride and Prejudice|Jane Austen
Harry Potter|J.K Rowling
The Lord of the Rings|J. R. R. Tolkien
Murder on the Orient Express|Agatha Christie
A Study in Scarlet|Arthur Conan Doyle
sqlite>
```

18.2.5 更新数据

我们还可以使用 update 语句更新表中的数据。现在来看更新数据的示例程序。创建一个脚本，命名为 update_data.py，并在其中写入以下代码。

```python
import sqlite3

con_obj = sqlite3.connect("test.db")
with con_obj:
        cur_obj = con_obj.cursor()
        sql = """
                UPDATE books
                SET author = 'John Smith'
                WHERE author = 'J.K Rowling'
                """
        cur_obj.execute(sql)

print("Data updated Successfully !!")
```

运行脚本程序，如下所示。

```
student@ubuntu:~/work $ python3 update_data.py
```

输出如下。

```
Data updated Successfully !!
```

现在，要检查数据是否已经更新，我们可以运行 `retrieve_data.py` 脚本，也可以转到 SQLite 控制台并运行 `select * from books` 语句。

运行 retrieve_data.py 脚本程序，输出如下所示。

```
student@ubuntu:~/work$ python3 retrieve_data.py
Title =  Pride and Prejudice
Author =   Jane Austen

Title =  Harry Potter
Author =   John Smith

Title =  The Lord of the Rings
Author =   J. R. R. Tolkien

Title =  Murder on the Orient Express
Author =   Agatha Christie

Title =  A Study in Scarlet
Author =   Arthur Conan Doyle
```

SQLite 控制台的输出如下所示。

```
student@ubuntu:~/work$ sqlite3 test.db
SQLite version 3.22.0 2018-01-22 18:45:57
Enter ".help" for usage hints.
sqlite>
sqlite> select * from books;
Pride and Prejudice|Jane Austen
Harry Potter|John Smith
The Lord of the Rings|J. R. R. Tolkien
Murder on the Orient Express|Agatha Christie
A Study in Scarlet|Arthur Conan Doyle
sqlite>
```

18.2.6 删除数据

现在我们来看一个从表中删除数据的示例程序。这里使用 `delete` 语句执行此操作。

创建一个脚本，命名为 `delete_data.py`，并在其中写入以下代码。

```python
import sqlite3

con_obj = sqlite3.connect("test.db")
with con_obj:
        cur_obj = con_obj.cursor()
        sql = """
                DELETE FROM books
                WHERE author = 'John Smith'
                """
        cur_obj.execute(sql)

print("Data deleted successfully !!")
```

运行脚本程序，如下所示。

```
student@ubuntu:~/work $ python3 delete_data.py
```

输出如下。

```
Data deleted successfully !!
```

上面的示例程序从数据库中删除了一条记录，这里使用了 `delete` 语句。我们要检查数据是否已成功删除，可以运行 `retrieve_data.py` 脚本，或启动 SQLite 控制台查看，如下所示。

运行 retrieve_data.py 脚本程序，输出如下。

```
student@ubuntu:~/work$ python3 retrieve_data.py
Title =  Pride and Prejudice
Author =  Jane Austen

Title =  The Lord of the Rings
Author =  J. R. R. Tolkien

Title =  Murder on the Orient Express
Author =  Agatha Christie

Title =  A Study in Scarlet
Author = Arthur Conan Doyle
```

我们可以看到作者 John Smith 的记录被删除了。

SQLite 控制台的输出如下。

```
student@ubuntu:~/work$ sqlite3 test.db
SQLite version 3.22.0 2018-01-22 18:45:57
Enter ".help" for usage hints.
sqlite>
sqlite> select * from books;
Pride and Prejudice|Jane Austen
The Lord of the Rings|J. R. R. Tolkien
Murder on the Orient Express|Agatha Christie
A Study in Scarlet|Arthur Conan Doyle
sqlite>
```

18.3 总结

在本章中，我们学习了 MySQL 以及 SQLite 数据库管理。其中创建了数据库和表，然后在表中插入了一些记录，还使用了 `select` 语句检索记录。另外还学习了如何更新和删除数据。

18.4 问题

1. 数据库的用途是什么？

2. 什么是数据库的 CRUD？

3. 我们可以连接远程数据库吗？如果可以，请举例说明。

4. 我们可以在 Python 代码中编写触发器（`trigger`）和过程（`procedure`）吗？

5. 什么是 DML 和 DDL 语句？